仙游县气象防灾减灾知识读本

仙游县气象局　编

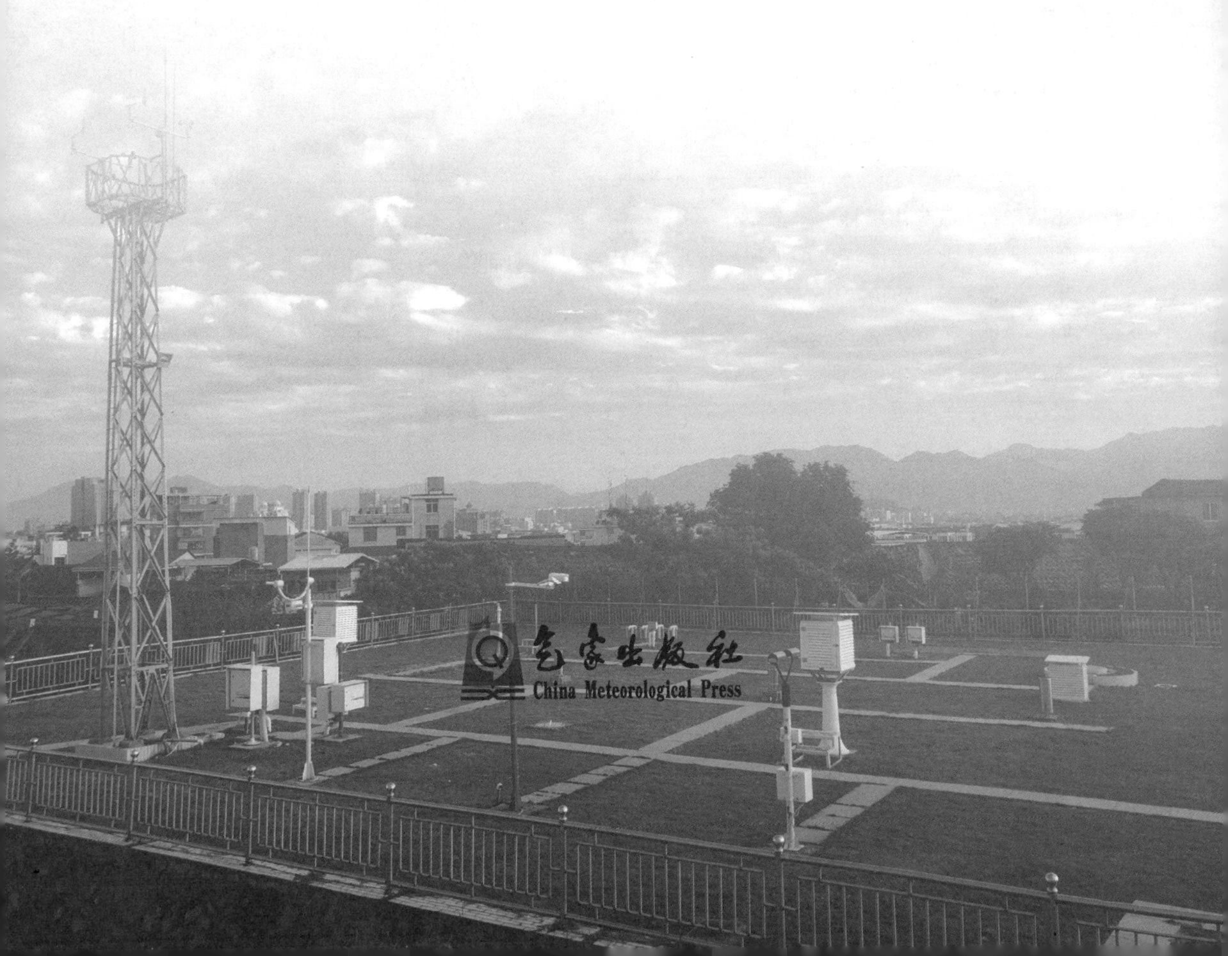

气象出版社
China Meteorological Press

图书在版编目(CIP)数据

仙游县气象防灾减灾知识读本/仙游县气象局编. —北京:气象出版社,2018.12
ISBN 978-7-5029-7014-7

Ⅰ.①仙… Ⅱ.①仙… Ⅲ.①气象灾害-灾害防治-基本知识-仙游县 Ⅳ.①P429

中国版本图书馆 CIP 数据核字(2019)第 161446 号

仙游县气象防灾减灾知识读本
仙游县气象局　编

出版发行：气象出版社
地　　址：北京市海淀区中关村南大街46号　　邮政编码：100081
电　　话：010-68407112(总编室)　010-68408042(发行部)
网　　址：http://www.qxcbs.com　　E-mail：qxcbs@cma.gov.cn
责任编辑：郭健华　　　　　　　　　　　　　终　审：吴晓鹏
责任校对：王丽梅　　　　　　　　　　　　　责任技编：赵相宁
封面设计：博雅思企划
印　　刷：三河市君旺印务有限公司
开　　本：710 mm×1000 mm　1/16　　　　印　张：10.5
字　　数：165 千字
版　　次：2018 年 12 月第 1 版　　　　　　印　次：2018 年 12 月第 1 次印刷
定　　价：25.00 元

本书如存在文字不清、漏印以及缺页、倒页、脱页等，请与本社发行部联系调换。

编 委 会

许文进　郑建伟　杨明灿　何　捷　陈志韫
王万宣　李海珊　庄革富　吴丽琼　茅圣仁

目 录

第 1 章　仙游县地理与气候概况 ·································· **001**
 1.1　地理概况 ··· 001
 1.2　气候概况 ··· 002

第 2 章　气象基础知识 ··· **005**
 2.1　气象观测 ··· 005
 2.2　天气预报 ··· 006
 2.3　气候预测及气候变化 ······································· 008
 2.4　民间天气谚语 ··· 009

第 3 章　仙游县主要气象灾害及防御 ···························· **014**
 3.1　台风 ··· 014
 3.2　暴雨洪涝 ··· 023
 3.3　强对流天气 ·· 026
 3.4　高温天气 ··· 028
 3.5　干旱 ··· 030
 3.6　低温寒害 ··· 031

3.7　大雾 ……………………………………………………………… 033

　　3.8　沿海大风 …………………………………………………………… 034

第 4 章　农业生产气象防灾减灾 ……………………………………… **036**

　　4.1　水稻受涝后如何补救 ……………………………………………… 036

　　4.2　水稻受高温热害怎样补救 ………………………………………… 036

　　4.3　雨后麦子倒伏怎样补救 …………………………………………… 037

　　4.4　怎样防止小麦湿害 ………………………………………………… 037

　　4.5　冬种马铃薯遇霜冻简易防御和灾后补救措施 …………………… 037

　　4.6　怎样预防春季"倒春寒"的危害 …………………………………… 039

　　4.7　怎样防御秋季寒露风的危害 ……………………………………… 039

　　4.8　怎样预防南方热带作物的寒害 …………………………………… 039

　　4.9　农业上预防霜冻有哪些措施 ……………………………………… 040

　　4.10　抗旱有哪些途径 ………………………………………………… 040

　　4.11　农业保险主要有哪几种 ………………………………………… 041

第 5 章　仙游县典型气象灾害个例 …………………………………… **042**

　　5.1　台风个例 …………………………………………………………… 042

　　5.2　暴雨个例 …………………………………………………………… 046

　　5.3　寒害个例 …………………………………………………………… 048

第 6 章　气象为防灾减灾服务 ………………………………………… **050**

　　6.1　灾害性天气警报的发布 …………………………………………… 050

目录

6.2 气象灾害的主动和被动防御 051
6.3 气象灾害应急预案 052
6.4 减灾防灾的原则 053
6.5 气象灾害发生后的紧急救护 055

第7章 人工影响天气 **058**

第8章 气象信息员 **061**

8.1 气象信息员产生背景 061
8.2 气象信息员的权利与义务 062
8.3 气象信息员的基本要求 063
8.4 气象信息员的工作流程 064
8.5 特殊天气现象的观测记录 065
8.6 气象设施（自动气象观测站）的巡查与报告 066
8.7 气象设施和气象探测环境的保护 067
8.8 气象灾情调查收集上报 068
8.9 气象服务效益调查评估 072

附录 A 福建省气象灾害预警信号及防御指南 **073**
附录 B 仙游县气象灾害应急预案 **094**
附录 C 全国气象信息员用户手册 V1.1 .... **113**
附录 D "知天气－福建"手机气象客户端用户使用手册 **120**
附录 E 公共气象服务常见天气图形符号 **158**

第 1 章
仙游县地理与气候概况

1.1 地理概况

　　仙游地处福建省东南沿海中部，位于东经 118°27′—118°56′，北纬 25°11′—25°43′，县域东西宽 49 千米，南北长 63.4 千米，濒临湄洲湾，紧挨秀屿港，距省会福州 130 千米，距经济特区厦门 153 千米，距莆田市区 44 千米，与宝岛台湾隔海相望。县域总面积 1835 平方千米，占莆田市的 44%，境内分布"七山一水二分田"，其中山地 203.7 万亩（1 亩≈666.7 平方米，下同），耕地 42.6 万亩，林地 177.7 万亩，滩涂 3085 亩。

　　仙游县地处戴云山脉东坡，地势总体自西北向东南倾斜，地貌主体呈向东南开口的马蹄形。境内以中低山及丘陵为主，盆地、河谷错杂其间。各地海拔差别很大，西北边境的石谷解海拔 1803.3 米，是全县最高峰；东南部枫亭海滨海拔仅 5 米，是全县最低点。境内分成 4 个不同的地貌地带。一是山地，主要分布于县西北部、东北部及东、西、南部边境。西北部的西苑、社硎乡多为中山，海拔在 800 米以上。东北部的游洋、石苍、菜溪、钟山乡镇多为低山，海拔 500～800 米。东、西、南部边境，由低中山逐渐降低为丘陵。二是丘陵，主要分布于中部及南部盆地、谷地周围，海拔多在 500 米以下。三是山间盆地与河谷平原，主要分布于中部，多呈卵圆形。有度尾、大济、鲤城、赖店、榜头、盖尾、郊尾等盆地。县城以东的盆地统称东乡平原，县城以西的盆地统称西乡平原，东、西乡平原总面积 352.7 平方千米，占全县总积的 19.3%。四是河谷平原，主要分布于木兰溪干流上游及支流两岸，以及枫慈溪、粗溪、九鲤湖溪、九溪沿岸等。

1.2 气候概况

1.2.1 气候类型

仙游平原区域属于南亚热带海洋性季风气候，仅北部、西部山区因海拔高属中亚热带海洋性季风气候，同时具有山区和平原的共同气候特征。全县气候宜人，一年四季分明，呈现冬短少严寒，无霜期长，盛夏不酷热，雨季显著，秋高气爽，春季阴雨连绵等特点。

1.2.2 气象要素概况

仙游县年平均气温 20.6 ℃，最低月平均气温 12.1 ℃，最高月平均气温 28.7 ℃，历年极端最高气温 40.0 ℃，极端最低气温 −2.3 ℃，如图 1-1 所示。雨量充沛，分布不均，年平均降雨量 1628.3 毫米，其中 5—8 月降雨量 907.4 毫米，占全年降雨量的 55.7%，如图 1-2 所示。年平均相对湿度 77%。无霜期长，年平均无霜期 318.4 天。年均日照时数 1844.7 小时。年平均风速 1.7 米/秒，最多风向为东北偏东风。主要气象灾害有高温、台风、干旱、暴雨、寒害、雷暴。

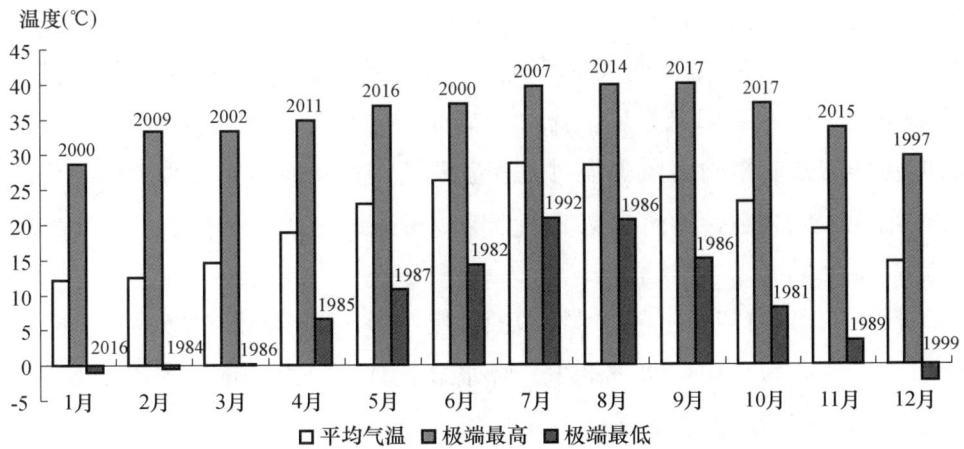

图 1-1　仙游县 1981—2017 年气温月平均值和月极值

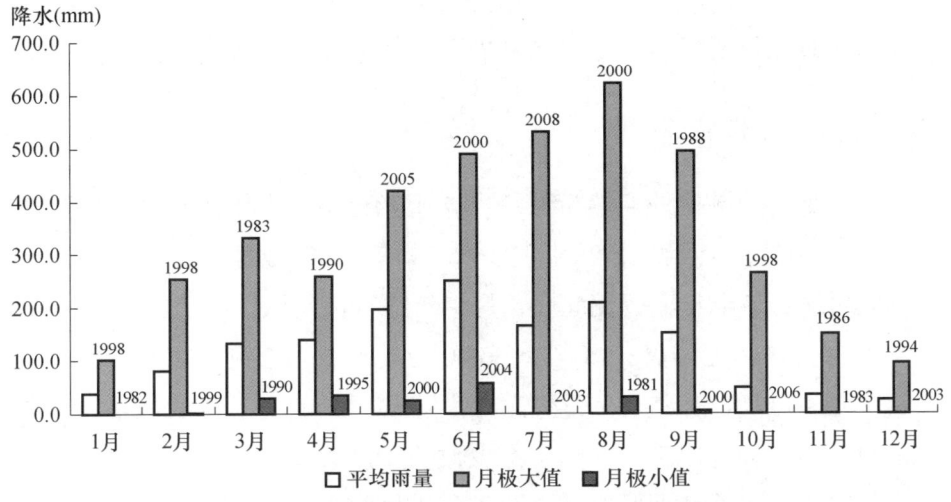

图 1-2　仙游县 1981—2010 年降水月平均值和月极值

1.2.3　四季天气

春季（3—6 月）：前春期（3—4 月）受冷暖空气作用，常形成静止锋天气，出现低温、阴雨寡照，降水持续时间长、强度均匀的春雨；后春期（5—6 月，即梅雨季节）随着暖湿气流的加强与冷空气激烈交汇，出现较为强烈的大风、强雷电、冰雹、暴雨等恶劣天气过程；梅雨季节亦称为前汛期，一般自 5 月上旬中前期开始，结束于 6 月下旬，这两个月的天气常因空气湿度大，忽晴忽雨，雨势又忽大忽小，造成物品容易发霉。

夏季（7—9月）：受西太平洋副热带高压控制，盛行偏南风，天气晴热，温高湿大，雨水多，阳光充足。降水主要有两种形式，一种是午后的热雷雨，有时可伴有短时雷雨大风等强对流恶劣天气；另一种是受台风影响或袭击时，出现大风大雨，给全县造成严重的经济损失。无台风影响时，常出现晴热高温干旱天气。

秋季（10—11月）：受大陆高压控制，冷空气影响日益增强，干冷气流多从东路扩散，空中水汽渐少，降水显著减少，沿海地区多出现5～6级东北风，内陆风力也渐强，天气凉爽。

冬季（12月至翌年2月）：受大陆冷高压和东亚大槽控制，盛行偏北风，雨水少，湿度小，天气晴朗干燥。寒潮袭击时，可引起剧烈降温，出现霜冻，北部山区出现结冰等灾害，对果树和农业生产造成重大影响。

 1.2.4 气候特点

日照充足：仙游地处亚热带低纬度，阳光充足，太阳辐射强，年日照时数1844.7小时，全年太阳辐射量每平方米有4600兆焦耳左右。

季风明显：冬半年盛行偏北风，夏半年盛行偏南风。

夏季有炎热，无酷暑：城区≥35℃的高温日数多年平均为22.2天，日最高气温≥37℃较少见。受海洋和大陆共同影响，沿海的枫亭、郊尾等地的夏季天气较为凉爽，内陆会有少数的酷热天气。

冬无严寒：城关日最低气温≤0℃的天气很少，日最低气温≤3℃的天气平均每年3.8天，日最低气温≤10℃的天气平均每年55.1天，日平均气温≤10℃的天气平均每年19.9天。

多雨湿润：全县多年年平均降水量在1400～2200毫米，分布随地域而异，自西北山区向东南沿海递减。降水量的年际变化大，年最多降水量是年最少降水量的2倍多。

无霜期长：平原及城区平均无霜期一般为318.4天，沿海大部分年份无霜期达340天。

灾害性天气种类多：主要有台风、暴雨、干旱、寒害等。

第 2 章
气象基础知识

2.1 气象观测

气象观测是气象工作的基础,是指测量和观察地球大气的物理和化学特性以及大气现象的方法和手段,气象观测主要内容有大气的气体成分、温度、湿度、气压、风、云、降水、大气能见度及雷电等。气象预报所用数据主要通过气象观测的方式得到。

一个较完整的现代气象观测系统由观测平台、观测仪器和资料处理等部分组成,而综合气象观测网是由各种气象观测和探测系统组合建立起来的。气象部门将综合气象观测网分为地基、空基、天基观测三部分,地基观测主要包括地面气象观测和天气雷达等地基遥感观测,空基观测主要包括 L 波段探空系统观测,天基观测主要是气象卫星观测。经过长期发展,气象人工观测逐渐转为自动观测,观测自动化水平不断提高。目前,我国的综合气象观测系统在观测能力、规模、密度等方面已经达到世界先进水平。

气象观测记录和依据它编发的气象情报,除了为天气预报提供日常资料外,还通过长期积累和统计,加工成气候资料,为农业、林业、工业、交通、军事、水文、医疗卫生和环境保护等部门进行规划、设计和研究提供重要的数据。采用大气遥感探测和高速通信传输技术组成的灾害性天气监测网,已经能够十分及时地直接向用户发布暴雨、强雷电、大雾等灾害性天气警报。

气象观测技术的发展为减轻或避免自然灾害造成的损失提供了条件。

目前，仙游县已建成 1 个国家级气象观测站，温度、湿度、气压、风速、风向、能见度等基本气象要素实现了观测自动化，观测频率达到分钟级；44 个乡镇区域自动气象站，乡镇覆盖率达 97%；1 个国家级农业气象观测站，1 个自动土壤湿度观测站和 1 个交通气象观测站，显著提升了暴雨洪涝、雷电大风、冰雹和干旱等灾害性天气的监测预警能力，在仙游县防灾减灾、应对气候变化等方面发挥了重要作用。

2.2 天气预报

2.2.1 什么是天气预报

天气预报是根据气象观测资料，应用天气学、动力气象学、统计学等原理和方法，对某区域或某地点未来一定时段的天气状况作出定性或定量的预测。

2.2.2 天气预报的分类

按预报时效，天气预报可分为 5 种，如表 2-1 所示。

表 2-1　天气预报按时效分类

预报名称	预报时段	主要预报项目
临近预报	0~2 小时	短历时强降雨、冰雹、雷雨大风、大雾等突发性强、影响大的致灾性天气
短时预报	0~12 小时	
短期预报	1~3 天	雨雪强度、气温、风、雾、霾、沙尘、霜冻等的预报
中期预报	4~10 天	
延伸期预报	11~30 天	预报时段内气温、降水趋势等，如气温偏高或偏低，降水偏多或偏少等

2.2.3 天气预报的常用术语及含义

常规天气预报一般包含以下几个要素：预报时段、地点范围、天气现象、气温、降水、风、相对湿度。为了方便使用与管理，天气预报用语都有严格的规定。

时间用语：我国天气预报时间一律以北京时为准，以 20 时为日界。白天是指 08 时至 20 时，夜间（晚上）是指 20 时至 08 时。

地点范围用语：大部分地区指占区域面积 50% 以上，部分地区指占区域面积 30%～50%，局部地区指占区域面积 10%～30%，个别地方指占区域面积小于 10%。

天空状况用语：根据云量占天空的比例，把天空状况分为晴天、少云、多云、阴天 4 种情况，如表 2-2 所示。

表 2-2　天空状况用语含义

晴天	天空中有低云量 0~2 成或总云量 0~3 成或两者同时出现
少云	天空中有低云量 3~5 成或总云量 4~5 成或两者同时出现
多云	天空中有低云量 6~8 成或总云量 6~9 成或两者同时出现
阴天	低云量大于 8 成或总云量 10 成，或者两者同时出现

温度用语：气象台（站）一般所指的气温，是指百叶箱中离地面 1.5 米高度处的温度表量得的空气温度，我国常用的单位是摄氏度。

降水用语：降水一般分为降雨和降雪。降雨分为微量降雨（零星小雨）、小雨、中雨、大雨、暴雨、大暴雨、特大暴雨共 7 个等级；降雪分为微量降雪（零星小雪）、小雪、中雪、大雪、暴雪、大暴雪、特大暴雪共 7 个等级，如表 2-3 所示。

表 2-3　降水量等级

等级	时段降雨量（毫米）		等级	时段降雨量（毫米）	
	12 小时降雨量	24 小时降雨量		12 小时降雪量	24 小时降雪量
微量降雨（零星小雨）	< 0.1	< 0.1	微量降雪（零星小雪）	< 0.1	< 0.1
小雨	0.1~4.9	0.1~9.9	小雪	0.1~0.9	0.1~2.4
中雨	5.0~14.9	10.0~24.9	中雪	1.0~2.9	2.5~4.9
大雨	15.0~29.9	25.0~49.9	大雪	3.0~5.9	5.0~9.9
暴雨	30.0~69.9	50.0~99.9	暴雪	6.0~9.9	10.0~19.9
大暴雨	70.0~139.9	100.0~249.9	大暴雪	10.0~14.9	20.0~29.9
特大暴雨	≥ 140.0	≥ 250.0	特大暴雪	≥ 15.0	≥ 30.0

风的用语：由风向和风力等级组成。风向一般用 8 个方位来表示，分别为北、西北、西、西南、南、东南、东、东北。

风力等级按标准气象观测场 10 米高度处的风速大小划分，国际通用的风力等级是由英国人蒲福（Beaufort）于 1805 年拟定的，故又称"蒲福风力等级"，它根据风对炊烟、沙尘、地物、渔船、渔浪等的影响大小分为 0～12 级，共 13 个等级。后来，又在原分级的基础上，增加了相应的风速界限，增加到 18 个等级（0～17 级），参看第 3 章表 3-1。

2.2.4 天气预报制作过程

天气预报的制作一般分为 3 个步骤：气象观测数据处理和分发，数值预报计算，预报员分析会商。

气象观测数据处理和分发：我国及世界各地气象观测数据汇集到国家气象中心集中处理后，通过卫星和网络分发到各地气象台。

数值预报计算：运用大气运动方程建立的数值模式，按时间顺序计算不同高度全球各处气象要素的值，从而得到未来某个时间、某个地点、某个高度、某个要素的预报值。数值模式主要基于数学、物理方程，涉及大量微分方程，其计算一般须使用超级计算机完成。

预报员分析和会商：气象台预报人员根据卫星云图、雷达探测资料、数值预报产品以及气象观测资料绘制成的地面和高空天气图，结合本地总结的经验和指标进行综合分析，每个预报员得出各自的预报结论，然后全台预报员一起进行天气会商，就像医生会诊一样，大家各抒己见，发表天气分析和预报意见，最后由首席预报员归纳总结，作出最终预报。

2.3 气候预测及气候变化

气候预测是指利用气候资料、统计学方法、气候模式等对未来气候趋势进行推断。气候预测需要考虑的因素包括太阳辐射、下垫面、大气环流和人类活动 4 个方面，它们之间有着极为复杂的关系。对长时间尺度的气候变迁，还要考虑地壳的运动等因素。

气候变化是指气候平均值或距平出现显著变化。气候平均值的升降，表示气候平均状态的变化；气候距平值增大表示气候状态不稳定性增加，气候异常愈明显。气候变化的原因既有自然因素，也有人为因素。气候变化导致灾害性气候事件频发，冰川和积雪融化加速，水资源分布失衡，生物多样性受到威胁。气候变化对农、林、牧、渔等经济社会活动都会产生不利影响，威胁社会经济发展和人民群众身体健康。

2.4 民间天气谚语

人类在千百年来一直想作出准确的天气预报。口述与笔记的历史充满韵文、轶事与谚语来指示明日天气是天朗气清还是风雨飘摇。不论是耕种的农民，还是贸易的商贾，能否预知明日的天气都可能成为其作业成功或失败的关键。在水银晴雨表发明以前，收集任何有关天气的预测数据均是极为困难的。经过长期的摸索，人们总结出各种天气谚语。

2.4.1 全国典型天气谚语

● 朝霞不出门，晚霞行千里

朝霞、晚霞这里指的主要是反射霞。早晨当太阳照射在西边的云彩上经过云彩的散射，使云彩呈深红色，这就是朝霞。它说明西边天空已经有云存在，而早上起云主要是由于天气系统性原因而形成的。未来随着天气系统东移，本地将逐渐转受其影响，天气将转阴雨。而晚霞是指夕阳斜照在东边天空上的云彩，使云彩呈深红色。在这种情况下，一般西部天空没有云彩，太阳才能直接照射在东边天空，而东边天空上的云彩只会随着时间离本地愈来愈远，不会影响本地，西边晴朗的天空也将会随时间逐渐移来。另一方面，朝霞说明早晨天空有云彩存在，表明天空状态不十分稳定，随着太阳升高，热力作用增强，对流进一步发展，云也会进一步发展，容易造成阴雨天气。相反，晚上由于太阳下山，空气层结逐渐恢复稳定，对流减弱，原来白天生成的云彩也将归于消散，天气一般晴好。可见"朝霞不出门，晚霞行千里"是有一定道理的。

● 月亮打伞　好不过三

月亮打伞是指在无云或少云的夜晚，在月亮周围有一光轮，有时呈红色，群众谓之撑红伞；有时呈黄色，群众谓之撑黄伞；有时呈蓝色，群众谓之撑蓝伞。月亮撑伞现象，是一种大气光学现象，主要是月光透过空气时受到空气中空气分子、悬浮物、水汽等物质颗粒散射后所剩余月光衍射而成的。当空气中悬浮物和水汽比较多时，散射光就越多，而青蓝紫散射也越多，剩余光就只能是红、橙、黄、绿，这时月亮就撑"黄伞"。当空气中水汽、悬浮物很多时，连绿、黄光也被散射殆尽；这时月亮就撑"红伞"。当空气中水汽很少，悬浮物半径也很小时，月光被散射不多，紫光被吸收，红、橙光被折射，黄、绿、蓝、靛衍射力最强，月亮撑"蓝伞"。因此，月亮撑伞时说明空气中有悬浮物水汽存在（当然是指一般情况而言），天气可能变坏。但是撑不同的伞就说明空气中水汽、悬浮物含量也有多寡大小之分。撑红伞变坏快，撑蓝伞变坏慢。虽然说当时天气情况是晴好的，但是已蕴涵着不利的因素。

● 日头出得早，天气靠不牢

晴朗的夜空，夜晚冷却加强，特别近地面散热更厉害，气温降低，而空中（1000米左右）空气一方面向太空散热，另一方面却得到地面辐射上来热量的补充加热，这种现象使得这一层空气中热量散失比近地面慢多了，因而就产生了一层逆温层。逆温层的产生使大气层结变得更加稳定，于是底层空气中的水汽、尘埃不易向空中散开，都集中在近地面层。早晨太阳刚出来时，被这一层尘埃、水汽所挡，不能马上就看到，等太阳升到一定高度，增热将逆温层破坏，近地面水汽、尘埃向空中散开时才能看到太阳。可见在晴好天气下，早上看到太阳一般就比较迟，但是如果有新的天气系统移来（像锋面、低槽等），那么逆温层就会被破坏，集结在近地面的水汽、尘埃在乱流作用下向空中散开，这样天边就显得格外洁净，太阳一出来就被我们看到，因此，好像太阳出得比较早些。所以说："日头出得早，天气靠不牢。"

2.4.2 仙游民间天气谚语

● 正月花,二月柳,三月冻脚手

农历正月,正是春暖花开的时节,到了二月,柳树吐芽,而三月却是最寒冷的时节,尤其是倒春寒,直冻得人们手脚发麻。

● 芒种雨,日晒路;芒种火烧街,西北(雨)十八个

芒种这天要是下雨,往下这个节气将是晴天;芒种这天要是晴天,太阳晒得街道路面发烫,那么接下来将不断有西北向的雷阵雨。

● 夏至沧没透,大暑来沧凑

夏至这天要是没有热透,即不是大热天,那么大暑这天必是高温炎热的气候。

● 六月东风,沟水"浩浪浪"(少的意思)

农历六月里要是刮东风,那将出现旱情,河床里的水会渐渐下降,越来越少。

● 只惊七月半水,无惊七月半鬼

农历七月十五日是莆仙百姓祭祀祖宗的日子,而这个日子的前后往往会连日暴雨,造成洪灾,故言只怕大水,不怕有鬼。

● 七月立秋慢溜溜,六月立秋快加油

立秋要是在农历七月,日子会感觉过得很慢;立秋要是在农历六月,日子会感觉过得很快。

● 立秋无雨是空秋,万物历来一半收

立秋这天如果没有雨,将出现严重旱情,直接影响秋作物的收成。但在修好水利工程的今天,已不是"万物历来一半收"了。

● 春霜三日透,低田可种豆

春天的霜只须三天便可透进地里,所以地势较低的山田可以种下春大豆。

● 九月红,大豆种落垄;九月乌,大豆种落埔

农历九月种秋豆,要是晴天有太阳则能生根发芽,促进长势;要是整月阴天降雨,种子便会烂掉。

● 重阳无雨看十三,十三无雨一冬空

农历九月九日是重阳节,这天要是没有下雨,那就要看十三日是否下雨,如果这天还是无雨,那么整个冬季将是无雨的季节。

● 立冬无雨满冬空

立冬这天若没有下雨,那么整个冬天也不会有雨,将出现冬旱,给农作物生长带来一定的威胁。

● 天上钩钩云(钩卷云),地上雨淋淋

天上如果出现钩状的卷云,那么将有一场暴雨,地面上将是一片雨淋淋。

● 鱼鳞天(卷积云),不雨也风颠

如果天空上出现鱼鳞状的卷积云,那么接下来的天气即使不是下暴雨也会刮大风。

● 春霜不打草

春天的霜不会冻死草,只会融化为水,滋润野草的成长。

● 冬寒有雾露,无水做酱醋

寒冷的冬天要是出现雾和露,那么就不会出现下雨的天气。

● 露水报晴天

冬天的早晨要是看见大地上的露珠,说明这一天是个大晴天。

● 雷打立春节,惊蛰雨不歇

要是立春时节响雷,那么惊蛰这个时节将雨下个不停。

● 雷响未雨水,有雨盛无水

未到雨水听到春雷,即使下雨也是雨量不多。

● 雷响惊蛰前,有水耙早田

在惊蛰前听到春雷,那将有连续的暴雨,早稻田里不用抽水就会有水耙田。

● 雷打惊蛰节,早秧放生节

在惊蛰这天响雷,也将有连续不断的暴雨,须提防秧苗被雨水冲走。

● 雷打惊蛰后,挑水去种豆

要是在惊蛰过后才听到雷声,那么将出现春旱天气,就必须挑水去种

第2章 气象基础知识

春大豆。

● 五月三、九雷,番薯厄大秤锤

农历五月初三、初九下起雷阵雨,有助于番薯(即地瓜)的生长,因为雷鸣时会大量电解空气中的氮,可为番薯生长提供所需的氮肥,故言番薯会比秤锤大。

● 夏至响雷三伏冷,夏至无雨晒死人

夏至这天要是下雷阵雨,那么三伏天就不会感到炎热,要是夏至这天没有雨,那么整个夏天将出现高温天气,使人感到暑热难耐。

第 3 章
仙游县主要气象灾害及防御

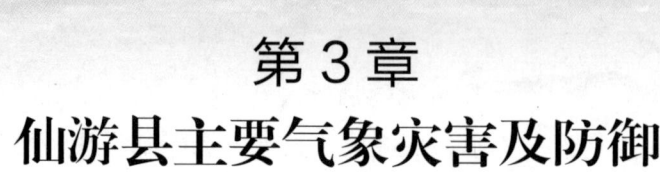

3.1 台风

台风是仙游县最主要的灾害性天气。当受台风袭击或影响时，会出现较明显的降水、大风天气。由于台风的强度、移动路径、登陆地点以及出现季节的不同，对仙游的影响程度存在显著不同。

（1）热带气旋的等级划分

热带气旋根据其中心附近的风力大小可划分为热带低压、热带风暴、强热带风暴、台风、强台风和超强台风。其中热带风暴以上级别的热带气旋称台风。蒲福风力等级表如表 3-1 所示，热带气旋等级划分标准如表 3-2 所示。热带气旋灾害影响等级参考标准如表 3-3 所示。

表 3-1 蒲福风力等级表

风力级数	名称	海面状况		海岸船只征象	陆地地面征象	相当于空旷平地上标准高度10米处的风速		
		浪高				（海里/小时）	（米/秒）	（千米/小时）
		一般（米）	最高（米）					
0	静风	—	—	静	静，烟直上	<1	0～0.2	<1
1	软风	0.1	0.1	平常渔船略觉摇动	烟能表示风向，但风向标不能动	1～3	0.3～1.5	1～5
2	轻风	0.2	0.3	渔船张帆时，每小时可随风移行2～3千米	人面感觉有风，树叶微响，风向标能转动	4～6	1.6～3.3	6～11

续表

风力级数	名称	海面状况		海岸船只征象	陆地地面征象	相当于空旷平地上标准高度10米处的风速		
		浪高				（海里/小时）	（米/秒）	（千米/小时）
		一般（米）	最高（米）					
3	微风	0.6	1.0	渔船渐觉颠簸，每小时可随风移行5～6千米	树叶及微枝摇动不息，旌旗展开	7～10	3.4～5.4	12～19
4	和风	1.0	1.5	渔船满帆时，可使船身倾向一侧	能吹起地面灰尘和纸张，树的小枝摇动	11～16	5.5～7.9	20～28
5	清劲风	2.0	2.5	渔船缩帆（即收去帆之一部）	有叶的小树摇摆，内陆的水面有小波	17～21	8.0～10.7	29～38
6	强风	3.0	4.0	渔船加倍缩帆，捕鱼须注意风险	大树枝摇动，电线呼呼有声，举伞困难	22～27	10.8～13.8	39～49
7	疾风	4.0	5.5	渔船停泊港中，在海者下锚	全树摇动，迎风步行感觉不便	28～33	13.9～17.1	50～61
8	大风	5.5	7.5	进港的渔船皆停留不出	微枝折毁，人行向前感觉阻力甚大	34～40	17.2～20.7	62～74
9	烈风	7.0	10.0	汽船航行困难	建筑物有小损（烟囱顶部及平屋摇动）	41～47	20.8～24.4	75～88
10	狂风	9.0	12.5	汽船航行颇危险	陆上少见，见时可使树木拔起或使建筑物损坏严重	48～55	24.5～28.4	89～102
11	暴风	11.5	16.0	汽船遇之极危险	陆上很少见，有则必有广泛损坏	56～63	28.5～32.6	103～117
12	飓风	14.0	—	海浪滔天	陆上绝少见，摧毁力极大	64～71	32.7～36.9	118～133
13	—	—	—	—	—	72～80	37.0～41.4	134～149
14	—	—	—	—	—	81～89	41.5～46.1	150～166
15	—	—	—	—	—	90～99	46.2～50.9	167～183
16	—	—	—	—	—	100～108	51.0～56.0	184～201
17	—	—	—	—	—	109～118	56.1～61.2	202～220

表 3-2　热带气旋等级划分标准

等级	底层中心附近最大平均风速（米/秒）	底层中心附近最大风力(级)
热带低压	10.8～17.1	6～7
热带风暴	17.2～24.4	8～9
强热带风暴	24.5～32.6	10～11
台风	32.7～41.4	12～13
强台风	41.5～50.9	14～15
超强台风	≥51.0	≥16

（2）登陆或影响福建的台风月际分布特征

登陆福建的台风最早出现于 6 月中旬，最晚出现于 10 月上旬，登陆频数以 7—8 月最多。

影响福建的台风最早出现于 4 月下旬，最晚出现于 12 月上旬，主要集中在 6—9 月。

（3）台风的危害

台风作为世界十大自然灾害之首，每年给我国的国民经济建设和人民生命财产安全造成严重损失。仙游县地处福建东南沿海中部，濒临西北太平洋，台风活动十分频繁。由于台风具有风力大、降水强、潮位高等特点，因此，危害主要有 3 种方式：

第一是大风。台风引起的大风对沿海过往船只和近海（包括内陆的江河湖泊等）养殖作业的人员生命财产安全造成极大危害，严重时会引起船翻人亡事故。在陆地上则会拔树倒屋、摧毁农作物，严重威胁电力、通信等设备的安全运行。台风大风的风向取决于台风移动路径与登陆点，主导风向往往是先东北后转偏南。

第二是强降水。台风引起的强降水，常引起山洪暴发、江河泛滥、城市内涝，并可引发塌方、滑坡、泥石流，冲毁公路、桥梁和其他公共设施等。台风所引起的暴雨不仅发生于台风中心所经过的附近地区，也可产生于远离台风中心几千千米外受台风环流影响的地方。此外，台风减弱为热带低压仍有可能出现明显的降水过程。

第3章　仙游县主要气象灾害及防御

表3-3　热带气旋灾害影响等级参考标准

热带气旋等级	强度			影响程度	陆上影响	海上影响	浪级和浪高（米）		风暴潮（米）	
	风力等级	风速（米/秒）	参考气压（hPa）				一般	最高	一般	最高
热带低压	6～7	10.8～17.1	1005～999	轻微影响	风大，举伞困难，树枝摇动，电线呼呼有声	渔船摇摆剧烈，航行困难	大浪 3.0～4.0	大浪 4.0～5.5	——	——
热带风暴	8～9	17.2～24.4	998～989	中度影响	人向前行感觉阻力大；小的枯枝被吹落；茅草棚、简易房屋和夹板房屋受到破坏，部分倒塌；不牢固的广告牌被吹落	渔船、客货轮渡摇摆剧烈，航行危险	巨浪—猛浪 5.5～7.0	巨浪—猛浪 7.5～10.0	小于0.7	0.7～1.0
强热带风暴	10～11	24.5～32.6	988～976	严重影响	大的枯枝或小的树干被吹落；茅草棚、简易材料房屋会受到轻微破坏；没有被拉线固定好的木质广告牌受到严重破坏；吹倒	汽船航行危险，部分海上渔排网箱被摧毁；部分小型船只翻沉	猛浪—狂涛 9.0～11.5	猛浪—狂涛 12.5～16.0	0.7～1.2	1.2～1.8
台风	12～13	32.7～41.4	975～961	严重破坏	大量树木被吹倒；小建筑物如衣房、简易厂房等普遍被摧毁；大型大型户外广告或霓虹灯受损或被摧毁；部分电线杆受损	大量海上渔排网箱被摧毁；大量小型船只和部分中型船只翻沉	狂涛 14.0以上	狂涛 16.0以上	1.2～1.5	1.5～2.1

续表

热带气旋等级	强度			影响程度	陆上影响	海上影响	浪级和浪高（米）		风暴潮（米）	
	风力等级	风速（米/秒）	参考气压（hPa）				一般	最高	一般	最高
强台风	14～15	41.5～50.9	960～940	灾难性破坏	树木普遍被吹倒，甚至被连根拔起；房屋瓦片普遍掀起，非框架砖混结构（无圈梁）房屋普遍受损，铝合金排窗、卷帘门、玻璃门受损；大型户外广告牌或霓虹灯普遍受损或被摧毁；电线杆普遍被吹倒，部分大型电力设施、通信铁塔倒塌；部分加固的大型港口吊机受损	海上渔排网箱普遍被摧毁；大量中型船只和部分大型船只翻沉	狂涛 14.0以上	狂涛 16.0以上	1.8～2.7	2.1～3.3
超强台风	16	51.0	939	毁灭性破坏	树木普遍被吹倒，大部被连根拔起或拦腰切断；非框架砖混结构（无圈梁）房屋普遍被摧毁；部分框架结构房屋受损或被摧毁，大型电力设施、通信铁塔普遍被摧毁；大量加固的大型港口吊机受损或被摧毁	大量大型船只翻沉	狂涛 14.0以上	狂涛 16.0以上	2.7～7.6及以上	3.3～9.2及以上

第三是风暴潮。台风在海上时，台风中心附近波浪滔天，一般可以使水位高达 10 米左右，大的甚至可以超过二十几米，即使大船遇到这样的浪潮也有颠覆的危险。台风带来的风暴潮，要比正常潮位高 1～5 米，严重者还会引起海啸，造成海堤决口、海水倒灌、良田受淹、城镇村舍被毁等严重灾害。

（4）台风对仙游县的影响

1）登陆福建台风的时空分布

统计 1957—2015 年登陆福建的台风，将台风登陆地分为福州以北、福州—厦门间和厦门以南 3 种，其时空分布如图 3-1 所示。

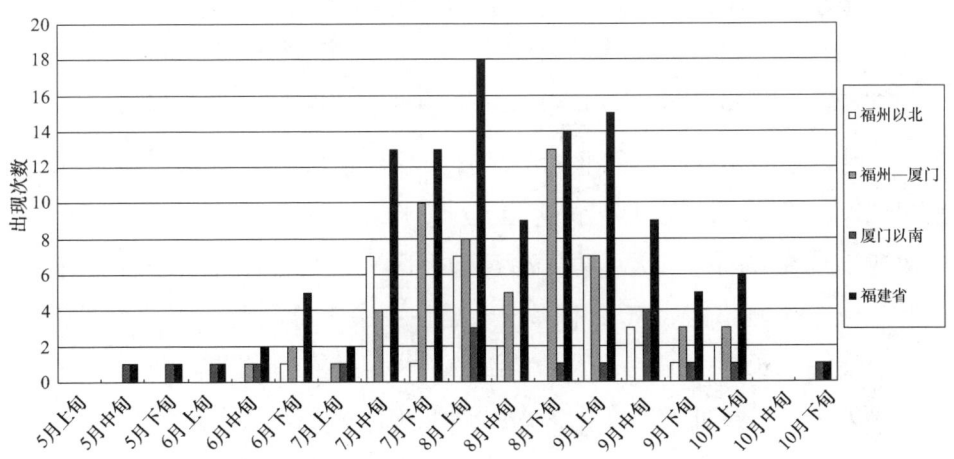

图 3-1　1957—2015 年登陆福建的台风及登陆福州以北、福州—厦门间和厦门以南的频数

从图 3-1 可以看出，登陆福建的台风出现在 5—10 月，以 7—9 月为多，占 82.6%；登陆福州以北、福州—厦门间和厦门以南的分别占 27%、51.3% 和 21.7%；登陆厦门以南的出现最早且结束的最迟，登陆福州以北的出现最迟。

在决策服务中，每年汛期中后期，根据具体天气，提出防御台风的警示性意见；从 9 月份开始的台风决策服务中，在确保安全的前提下，可提前做好水库储水准备，以备冬春的工农业生产和生活用水。

2）登陆福建台风对仙游县风雨的影响

① 台风在福州以北登陆时，仙游县的风雨特征如图 3-2 所示。

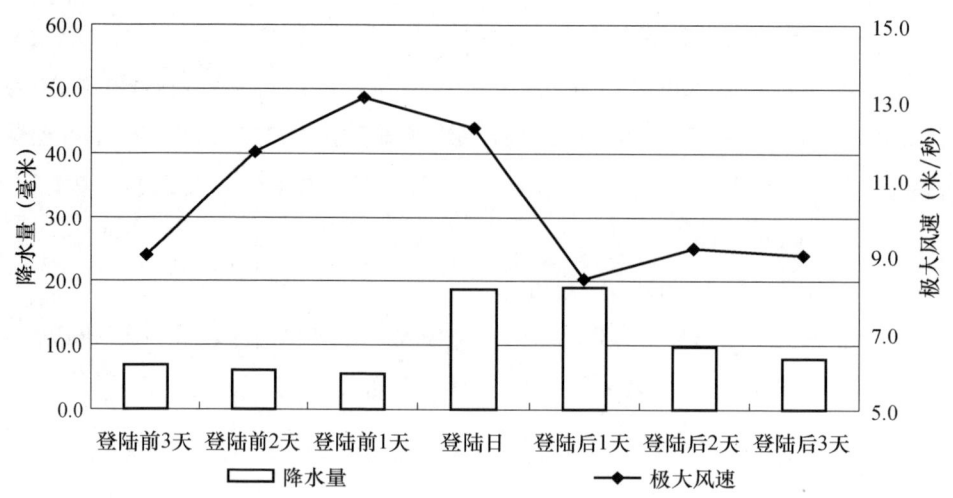

图 3-2 台风在福州以北登陆时仙游平均日降水量与平均日极大风速

台风登陆福州—福鼎以北时仙游日平均降水量 18.7 毫米,最大过程降水量 259.6 毫米,最大日降水量 117.7 毫米,日极大风速 19.0 米/秒,极大风速出现在登陆前 1 天。由于台湾地形因素,当台风外围越过台湾中央山脉气流在西侧下滑,气压下降,于是在中央山脉的西侧形成地形倒槽,从而使沿海气压梯度加大,因而仙游的极大风速在登陆前出现。此类台风多是风大雨少,是仙游县东南沿海低西北山区高的箕形地形所致。此类台风天气以防御台风登陆前的大风为主,如渔业生产的船只回港避风,建筑工地塔台、支架加固等,同时也要防范台风登陆时、登陆后的外围云系激发的暴雨。

②台风在福州—厦门间登陆时,仙游县的风雨特征如图 3-3 所示。

台风在福州—厦门间登陆时仙游日平均降水量 51.7 毫米,最大过程降水量 412.0 毫米,最大日降水量 204.2 毫米,日极大风速 25.6 米/秒,极大风速出现在登陆日。此类台风风大雨大,多连续性暴雨,引发暴雨的成因有多种。一是台湾地形因素,越过台湾中央山脉偏东气流的下沉增温效应,在台湾岛的西侧形成气温高值区,有利触发对流系统发生、发展,突降暴雨;二是仙游县箕形地形因素,越过台湾中央山脉偏东气流在北部山区抬升凝结发展,持续暴雨。地域性风雨特征显著。此类台风登陆时狂风暴雨，过程降水量大，既要防御登陆前、登陆时的大风，又要防御登陆时、登陆后的暴雨洪涝、城市积涝等。图 3-4 为 2016 年台风"尼伯特"期间木兰溪洪水情况。图 3-5 为台风"苏力"带来的大风致仙游树木折断情景。

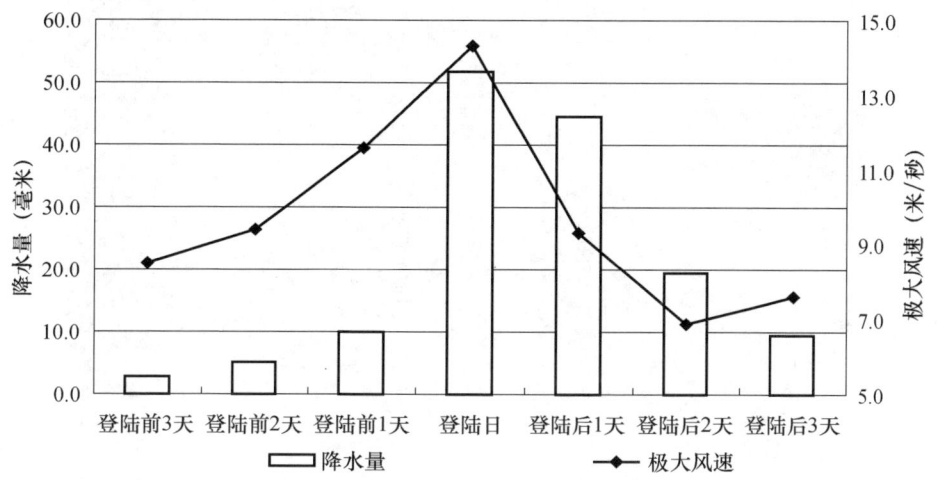

图 3-3　台风在福州—厦门间登陆时平均日降水量与平均日极大风速

图 3-4　2016 年台风"尼伯特"期间木兰溪洪水

图 3-5　台风"苏力"带来的大风致树木折断

③ 台风在厦门以南登陆时,仙游县的风雨特征如图 3-6 所示。

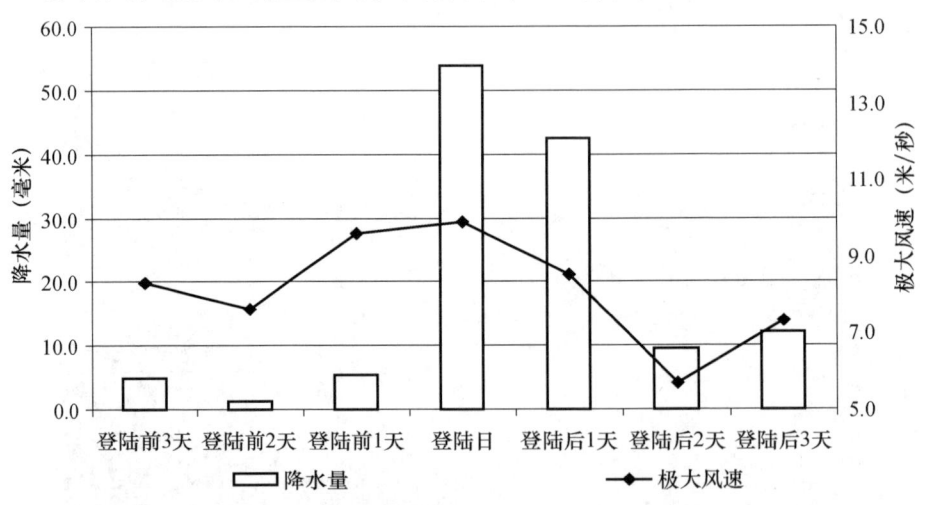

图 3-6　台风在厦门以南登陆时平均日降水量与平均日极大风速

台风在厦门以南登陆时仙游日平均降水量 53.9 毫米,最大过程降水量 309.1 毫米,最大日降水量 231.2 毫米,日极大风速 18.7 米/秒,极大风速出现在登陆日。此类台风极大风小、雨大,极大风小是登陆地点离仙游远,福建省丘陵地貌摩擦造成的，雨大是因台湾岛的影响，台风环流东侧气流绕岛分支与偏南环流在闽中北沿海汇合、辐合或（和）因台湾海峡的"狭管效应"，形成南风急流，致台风在仙游的过程降水、日降水量剧增。地域性风雨特征突出。应重视防御特大暴雨过程，重点防御强降水引发的地质灾害、城市积涝等次生灾害。

（5）台风防御避险指南

① 关闭门窗，妥善安置易受台风影响的室外物品，尽量不要外出。

② 检查电路、炉火、煤气等设施是否安全。

③ 及时清理排水管道，保持排水畅通。

④ 如果是危旧房屋，应马上转移避险。

⑤ 田间、高空、滩涂、水上等户外作业人员应及时停止作业，学校应采取暂避措施，建议停课，千万不要在临时建筑物内和广告牌、铁塔、大树下避风避雨。

⑥ 如果遇上打雷，则要采取防雷措施，不要在山顶和高地停留，要避开孤立高耸的物体。

⑦ 强台风风力减小后，不要急于出门，一定要在房子里或原先的藏身处多待一段时间，因为此时可能是台风眼经过，台风眼过后还会有狂风暴雨。

⑧ 海上船只应听从指挥，立即进港避风，如果是帆船，要尽早放下船帆。如果来不及躲避或遇上台风时，应及时跟岸上有关部门取得联系，争取救援，同时获取台风最新信息（强度、移动速度、移动方向等），以便科学采取停（滞航）、绕（绕航）、穿（迅速穿过）等措施。

3.2 暴雨洪涝

强度大、时间长、范围广的降雨之后，地面水汇集到河道中，当流量超过河槽的排泄能力而泛滥两岸时，就要发生洪涝。造成洪涝的主要原因有两种，一是地势较高的上游地区出现暴雨，大量洪水下泄，使下游平原地区发生洪涝;二是当地暴雨量极度过剩而造成洪灾。"雨落仙游东西乡,水淹莆田南北洋",这句谚语形象地说明上游降水与下游洪涝的关系。

(1)暴雨的定义

日降雨量大于或等于50毫米或12小时降水量超过30毫米时称为暴雨。根据降水量的大小又可分为暴雨、大暴雨和特大暴雨。降水等级的划分如表3-4所示。

表3-4 降水等级划分标准

降水等级	24小时降水量(毫米)	12小时降水量(毫米)
小雨	小于10.0	小于5.0
中雨	10.0～24.9	5.0～14.9
大雨	25.0～49.9	15.0～29.9
暴雨	50.0～99.9	30.0～69.9
大暴雨	100.0～249.9	70.0～139.9
特大暴雨	250.0及以上	140.0及以上

(2)暴雨的时间变化

暴雨主要由锋面系统和台风等热带系统带来,形成雨季(5—6月)和台风季(7—9月)两个不同时间段的洪汛期。

从3月份起暴雨次数逐渐增多,至6月中旬出现暴雨高峰期,8月前后再次出现暴雨相对多发期(多为台风暴雨),之后暴雨出现的次数逐渐减少。特大暴雨的高峰期出现在8月份(主要为台风暴雨),秋季和初春(11月至翌年3月)不易出现特大暴雨。

(3)暴雨洪涝(山洪)灾害

局地性的强降水可造成山洪暴发和城市内涝等,大范围、持续性的暴雨过程将造成江河水位暴涨,形成流域性洪涝灾害,还可引发山体滑坡、泥石流等次生灾害,不仅危害农作物、果树、林业和渔业,而且还冲毁农舍和工农业设施,造成严重的经济损失,甚至出现人员伤亡。

(4)仙游暴雨特征

1961—2015年仙游县年暴雨日数(一年内日降雨量达到或超过50毫米的天数)平均5.6天。暴雨日数在20世纪90年代最高,为6.4天;其次是 2001—2015 年，为 6.2 天；20 世纪 60 年代、70 年代和 80 年代平均暴雨日数分别为 5.2 天、5.4 天和 4.6 天。仙游年暴雨日数如图 3-7 所示。仙游遭受暴雨期间道路被淹情况如图 3-8 所示。

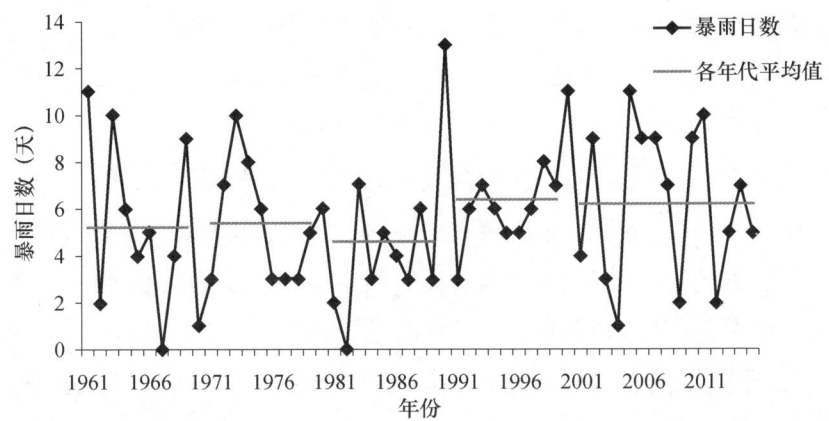

图 3-7　1961—2015 年仙游年暴雨日数

图 3-8　暴雨致道路被淹

（5）暴雨防御避险指南

① 检查房屋是否牢固，如果是危旧房屋，或处于低洼地势的居民，应及时转移到安全的地方。

② 检查电路、炉火等设施是否安全，最好关闭电源总开关。

③暂停户外活动，户外人员立即转移到安全、地势高的地方暂避。

④及时清理排水管道，保持排水畅通，提前收拾好露天晾晒物品。

⑤密切注意夜间暴雨，提防危旧房屋倒塌伤人。

⑥路面如有积水，开车时要切记不要走不熟悉的路。

⑦如果汽车在低洼处抛锚，千万不要在车上等候，应立即离开车辆到高处等待救援。

⑧暴雨容易造成山洪，在山洪易发地区的居民一定要保持冷静，不要留恋财物，要听从指挥，迅速撤离危险区，向地势较高的地方转移；不要沿着行洪道方向跑，而要向两侧快速躲避；不要轻易涉水过河；被困时应及时与当地有关部门取得联系，或发出求救信号，寻求救援。

⑨暴雨有可能造成泥石流，在沟谷内劳动或活动时，一旦遭遇暴雨，要迅速转移到高处，不要在低洼的谷底或陡峻的山坡下躲避、停留。发现泥石流袭来时，千万不要顺沟方向往上游或下游跑，要向两边的山坡爬；不要在泥石流中横渡；尽快与有关部门取得联系，报告自己的方位和险情，积极寻求救援。

⑩暴雨有可能造成山体崩塌滑坡，不要在大雨后、阴雨天进入山区沟谷；不要在陡坡、危岩突出的地方避雨和穿行；遭遇山体崩塌滑坡时，不要惊慌，要迅速离开有斜坡的路段。

3.3 强对流天气

（1）雷电灾害

雷电是由发展旺盛的积雨云引起的闪电、雷鸣现象。积雨云中小水滴和冰晶相互之间的高速碰撞使云体带上电荷，当不同云体之间或云体与地面之间的正负电荷差达到一定程度时就会出现放电现象。雷暴的水平范围为几千米到几十千米，可持续几分钟到几十分钟，通常伴有阵雨、雷雨大风，有时也伴有冰雹或龙卷风。

当出现云地之间的雷电时有可能造成雷电灾害，雷电灾害主要表现为电器损坏、建筑物毁坏、人员伤亡，甚至引发森林火灾。

（2）雷电防御避险指南

① 应立即停止劳动或室外活动，迅速躲入有防雷设施保护的建筑物内，或很深的山洞里面，汽车也是理想的躲避雷击的场所。

② 应远离树木、电线杆、烟囱等尖耸、孤立的物体。不宜进入孤立的棚屋、岗亭等低矮建筑物。绝对远离输电线。

③ 如找不到合适的避雷场所，应找一块地势低的地方蹲下，双脚并拢，手放膝上，身向前屈。特别注意的是，不要集中在一起或牵着手靠在一起。

④ 在空旷场地，不宜把锄头等金属工具扛在肩上。

⑤ 立即停止水上作业或游泳，尽快离开水面。

⑥ 不宜骑摩托车、自行车赶路，切忌狂奔。

⑦ 万一发生不幸的雷击事件，同行者要及时报警求救，同时为其做抢救处理。

⑧ 在室内要关好门窗，尽量远离门窗、阳台和外墙壁；不要靠近、接触室内任何金属管线，包括水管、暖气管、煤气管等。

⑨ 最好不要使用任何家用电器，包括电视、收音机、计算机、电话、电冰箱、洗衣机、微波炉等。建议拔下所有的电源插头。

⑩ 发生雷击火灾时，要赶快切断电源，不要带电泼水救火，要使用干粉灭火器等专用灭火器灭火，并迅速拨打"119"或"110"电话报警。

（3）冰雹

冰雹是雷雨云中水汽凝华和水滴冻结相结合的产物，它是一些小如绿豆、大似鸡蛋的冰粒，特大的冰雹比柚子还大。冰雹是由积雨云中强烈的对流作用而引起的中、小尺度天气现象，具有局地性强、季节性明显、来势急、持续时间短的特点。

全年各月都有可能出现冰雹，其中以3—4月最多，7—8月次之。空间分布一般是山区多于平原，内陆多于沿海，高海拔地带是冰雹的高频区。总体上冰雹的多发区在山脉的西侧，迎风坡方向。冰雹出现的时间，午后至傍晚最多。

猛烈的冰雹常打毁庄稼，损坏房屋，人被砸伤、牲畜被打死的情况也常常发生。在下冰雹过程中，常伴有强烈的雷电、暴雨和狂风。因此，除了冰雹伤人、伤物之外，狂风、暴雨和雷电也都可造成灾害。

（4）冰雹防御避险指南

① 关好门窗，妥善安置好易受冰雹影响的室外物品，停止户外活动。

② 切勿随意外出，确保老人小孩留在家中。

③ 学校学生应待在教室内，暂停户外活动。

④ 不要在高楼屋檐、烟囱、电线杆、大树底下躲避冰雹。

⑤ 躲避冰雹途中可以把木板或盆、筐等器具顶在头上，以防止被冰雹砸伤。

（5）雷雨大风

雷雨大风是指雷雨时伴随的阵性强风。雷雨大风的持续时间不长，通常就几分钟，但是风力很大，而且发生突然，常因预防不及而造成灾害。

雷雨大风分布总体上是内陆山区多于沿海。

雷雨大风常造成大树刮断、电线吹断和大片农作物被毁等灾害。还会吹落城市内高层建筑上的广告牌，造成通信中断，影响交通，甚至导致人员伤亡、房屋倒塌等。对海上作业的船只造成较大的影响，甚至有船翻人亡之危险。

（6）雷雨大风防御避险指南

① 停止露天活动和高空等户外危险作业，危险地带人员和危房居民尽量转到避风场所避风，不要站在高楼、大树、广告牌下。

② 切断户外危险电源，妥善安置易受大风影响的室外物品，遮盖建筑物资。

③ 学校要采取暂避措施，建议停课。

④ 危旧房、临时搭建建筑物内的人员要立即搬离，到安全的地方躲避。

⑤ 停放车辆要远离大树、广告牌、铁塔等。

3.4 高温天气

（1）高温天气的定义

根据环境温度与生物的一般规律，气象上将日最高温度 ≥ 35 ℃称为高温，连续3天或3天以上日最高温度 ≥ 35 ℃称为持续高温或高温热浪。

仙游在日常天气预报服务过程中，通常如果最高气温≥37 ℃则发布高温预警。

（2）仙游易出现高温天气的时间

高温天气具有明显的季节特征，主要发生在夏季，7—8月为高温过程相对集中的阶段，特别是7月为高温的多发期，高温极值最高，持续时间最长。这主要是由于强盛的副热带高压的控制，从而造成了夏季高温酷暑。近年最高温度出现在2017年9月27日，极值为40.0 ℃。

（3）高温天气的危害

持续高温天气将影响高温作业和野外作业，高温期间中暑病人明显增多，严重者可因暑热死亡。高温天气使用水量和用电量剧增，城市火灾和森林火灾发生的概率明显增加。持续高温天气常伴随着旱情的持续发展，对农业、林业产生很大的不利影响。

（4）高温避险指南

① 尽量不要在烈日下劳动。田间农活安排在早、晚为宜，劳动场所要准备必要的饮料和防暑药品。

② 田间劳动时，应戴上草帽，穿浅色衣服，并且田边应备有饮用水和防暑药品。不要长时间在太阳下暴晒，如感到头晕不舒服，应立即停止干活，到阴凉处休息。

③ 不宜在树下或露天睡觉，适当晚睡早起，中午宜增加午睡。

④ 浑身大汗时，不宜立即用冷水洗澡，应擦干汗水，稍事休息后再用温水洗澡。

⑤ 要留神蚊虫咬伤，避免器械碰割伤及开水、滚油烫伤等，预防因气温高、细菌繁殖加剧而造成的感染。

⑥ 不吃苍蝇叮过的食品，少喝生水，注意饮食卫生。

⑦ 老、弱、病人最好不要外出，如一定要外出，要有家人陪同。

⑧ 不要过分纳凉，屋内要通风；如遇不适，要及时就医。

⑨ 对婴幼儿、孕产妇，避免衣被过暖过厚，衣着以宽松、透气、短小为宜；不宜过多吃冷饮，食物要新鲜、煮透，如出现消化不良要及时就医；室内要通风，最好不要睡凉席；天天洗澡，以免生痱子；提防烫伤或磕碰。

3.5 干旱

干旱是指长期无雨或雨水稀少,农业生产出现明显的缺水现象。农作物由于缺水而引起植株对水分的需要量与从土壤间吸收水量之间不平衡,影响其生长、发育,致使产量下降甚至绝收。

干旱是仙游突出的灾害性天气。仙游县位于中国东南沿海,属于多雨区域,但因受到台湾山脉的雨影效应影响,却是福建省降水量最少的区域之一,多年平均降水量为1628.3毫米。而且年内降水变率大,降水大多集中在春夏之交的梅雨和夏秋季的台风雨,降水稳定性差。旱灾还与台风灾害呈负相关关系,而影响仙游的台风变化概率大,所以仙游干旱灾害较明显。

(1) 干旱的判断标准

干旱与前期降水情况、土壤底墒、灌溉条件以及农时季节、作物品种、抗旱能力等许多因素有关。尽管成因复杂,但自然降水是作物需水的主要来源,目前福建省气象部门常采用表3-5所示标准对旱情进行判断。

表3-5 福建省干旱级别划分标准

级别	标准	小旱	旱	大旱	特旱
春(2月11日至梅雨止)	<2毫米连旱日数	16~30天	31~45天	46~60天	≥61天
	解除雨量(6天总量)	插秧前≥50毫米,插秧后≥30毫米			
夏(梅雨止至10月10日)	<2毫米连旱日数	16~25天	26~35天	36~45天	≥46天
	解除雨量(3天总量)	≥20毫米	≥30毫米		
秋冬(10月11日至次年2月10日)	<2毫米连旱日数	31~50天	51~70天	71~90天	≥91天
	解除雨量(6天总量)	≥10毫米	≥15毫米		

福建的干旱根据季节不同可划分有春旱、夏旱、秋冬旱,其危害性以夏旱为大,春旱次之,秋冬旱相对为小。

(2) 干旱的特点

福建干旱的特点是出现频率高,活动季节长,成灾范围广,并有地域多发区和高频多发季。沿海平原和海岛地区是我省干旱最严重的地区。

（3）干旱的危害

干旱使水资源缺乏，影响工、农业生产和民众生活。特别是夏季，农作物需水量大，气温高，蒸发量大，严重的干旱可造成溪河断流、井泉干涸、田地龟裂和作物枯死等现象。另外，持续的干旱也容易发生森林火灾。

（4）干旱防御避险指南

抗旱主要途径有两条，一是增加水分，二是保住水分。一般来说，可以通过兴修水利、科学灌溉、节约用水、植树造林、人工增雨、推广耐旱品种等手段来抗旱。常用方法有：

① 改良土壤，适时耕作。

② 节水灌溉，如喷灌、滴灌。

③ 地面覆盖，如用薄膜、秸秆、绿肥等覆盖。

④ 使用化学药剂，如保水剂、抗蒸腾剂等。

3.6 低温寒害

（1）寒潮

寒潮指受北方强冷空气南下影响，引起剧烈降温、大风或降水的天气现象。冬半年突出表现为大风和降温，一般风速可达 5～7 级，海上达 6～8 级，持续时间多在 1～2 天。仙游县气象局规定，有强冷空气影响时，凡日平均气温在 48 小时内能下降 7℃或以上，或过程降温在 8℃或以上，最低气温降至 6℃或以下，且最低气温较常年同期偏低 5℃或以上的均称为寒潮。图 3-9 为 2016 年寒潮期间仙游西苑凤山下雪情况。

（2）低温冻害

低温冻害指植物或动物在 0℃以下的强烈低温下受到的伤害，主要发生在越冬期间。低温冻害可造成植株长势衰弱，甚至死亡，最终导致减产。

在低温阴雨天气条件下，还可能出现电线结冻、道路结冰等冰冻灾害，影响供水、供电和通信等公共服务保障设施的安全运行，严重时还可能造成交通瘫痪。

图 3-9　2016 年寒潮期间西苑凤山下雪

（3）霜冻

霜冻是指在晴朗无风的天气条件下，当最低气温下降至 3～4 ℃时，植物表面温度可降至 0 ℃以下造成植物体内冻结而产生的伤害。与低温冻害不同的是，霜冻常发生在作物活跃生长期间，而低温冻害是主要发生在作物越冬休眠或缓慢生长期间。

（4）倒春寒、寒露风天气

倒春寒、寒露风（也称秋寒）是影响仙游县粮食生产的主要因素。倒春寒容易导致严重烂秧，造成良种损失、品种布局被打乱和农事季节被动等；寒露风是，晚季农业生产高而不稳的突出气候因素，寒露风来得早而重的年份常造成晚稻不扬花、不授粉，严重者甚至绝收。

① 倒春寒。倒春寒是早稻播种、育秧期的主要气象灾害。特别是秧苗长到两叶包心，进入"断乳期"前后抗寒力大为减弱，遇低温易枯叶死苗，导致烂秧；进入大田的秧苗会坐苗不长甚至死亡。这是开春后农业的第一害。"倒"是指时间概念，"寒"是指强度概念。倒春寒判别标准为：3 月中、下旬日平均气温≤ 12 ℃，维持期≥ 4 天，或 4 月上旬日平均气温≤ 12 ℃，维持期≥ 3 天。

② 寒露风：寒露风是因秋季冷空气南侵造成双季晚稻孕穗－抽穗期扬花受阻、空壳率增加、产量下降的低温冷害天气。在 9 月 1 日至 10 月 30 日时段内，首次出现 ≥ 3 天日平均气温 ≤ 20.0 ℃ 的天气过程，即为 "20 型"寒露风，以第一天为标志日。由于水稻品种生理属性的不同，除 "20 型"寒露风外，对农业服务时还有 "23 型"寒露风（即以 23 ℃ 作为统计标准）。

（5）低温冷害防御避险指南

① 早稻、棉花等农作物播种和幼苗生长期间，要时常关注 "倒春寒"天气预报，可抓住天气演变过程中的 "冷尾暖头"，抢晴播种。

② 加强田间管理，改善农田小气候条件。对早稻秧田进行科学排灌，在 "倒春寒"天气到来时进行深水护秧，采取 "夜灌日排""晴排雨灌"的措施，调节秧田水热状况。

③ 有条件的地区可采取温室蒸汽或无土育秧的方法，使整个早稻育秧过程完全在人工控制下，保证培育适龄壮秧。

④ 当气温发生骤降时，要注意添衣保暖，特别是要注意手、脸（口与鼻部）的保暖。

⑤ 老弱病人，特别是心血管病患者、哮喘病人等对气温变化敏感的人群，尽量不要外出。注意休息，不要过度疲劳。

⑥ 采取煤炉取暖的家庭要提防煤气中毒。

3.7 大雾

（1）大雾的定义及危害

雾是悬浮于近地面层中的大量水滴，使水平能见度小于 1 千米（大雾）的一种较特殊的灾害性天气现象。雾的生成与特定的天气形势和多种气象要素有关，其中与低层湿度相关最为密切，如辐射雾多发生在阴雨转晴的时候；而平流辐射雾多形成在晴转阴雨的前期。

按水平能见度大小，气象上将雾分为 5 个等级，如表 3-6 所示。

表 3-6 雾的等级

等级	标准
轻雾	1000 米≤水平能见度＜ 10000 米
大雾	500 米≤水平能见度＜ 1000 米
浓雾	200 米≤水平能见度＜ 500 米
强浓雾	50 米≤水平能见度＜ 200 米
特强浓雾	水平能见度＜ 50 米

大雾主要对公路交通和海上作业与运输造成影响，严重时可造成飞行航运等事故。

（2）大雾防御避险指南

① 驾驶人员必须严格控制车、船的行进速度。

② 减少户外活动，有呼吸道疾病和心肺疾病的人不要外出。

③ 大雾天气开车除控制车速外，还要打开前后雾灯，如果没有雾灯，可开近光灯，别开远光灯；勤按喇叭，警告行人和车辆；宁走中间，不走路边；如果停车，要紧靠路边停放，最好驶到道路以外，打开雾灯，千万不要坐在车上。

3.8 沿海大风

（1）沿海大风的定义

福建省沿海出现风速 ≥ 17.2 米 / 秒（8 级）以上风，称为沿海大风。大风可分为冬季冷空气南下引起的东北或偏北大风、春季暖空气北上造成的西南大风和夏季台风引起的旋转大风等。

（2）沿海大风的特征及危害

福建的大风有很强的季节性。就频数而言，冬季明显多于夏季；就风力强度而言，夏季大于冬季，特强大风主要出现于夏秋季节。

沿海大风主要影响海上养殖业的生产，并危及海上交通运输的安全，严重时可造成人员伤亡。

（3）沿海大风防御避险指南

相关水域水上作业和过往船舶要采取积极的应对措施，加固港口设施，防止船舶走锚、搁浅和碰撞；渔排上人员应安全转移。

第4章
农业生产气象防灾减灾

4.1 水稻受涝后如何补救

（1）迅速排水除泥去渣。在洪涝发生后，应立即组织力量和设备排水，使禾苗尽早露出水面，结合排水露田及时洗泥去渣，扶正倒苗，清除烂叶、黄叶。

（2）及时组织群众抢收、摊晒早稻。

（3）抓好晚稻查苗补蔸。

（4）追施速效肥料。

（5）防治病虫害。应注意加强药后检查，及时进行补治，以控制病虫害的发展，确保防治效果。

（6）对受灾严重无法恢复生产的中晚稻田，要改种其他作物。

4.2 水稻受高温热害怎样补救

（1）及时采取降温措施。如采用日灌（深水）夜排降温，或长流水的灌溉，有条件的地区可采取喷灌以及根外喷施磷钾肥等方法。

（2）对遭受轻灾的田块实施追肥。可采取根外喷施叶面肥和植物生长调节剂的方法，以提高结实率和粒重。

（3）加强受灾田块的后期管理。普遍受害但未绝收的田块，一是坚持浅水湿润灌溉；二是加强病虫害的防治，特别是稻纵卷叶螟、稻飞虱和白叶枯病、纹枯病的药剂防治；三是适期收割，精收细打。

（4）绝收田块可用蓄留再生稻办法。即采取保留和割去空壳穗头的方法，加强田间水肥管理和病虫害防治，促进再生芽萌发。

4.3　雨后麦子倒伏怎样补救

（1）为了防止小麦倒伏，在拔节前后就要采取合理的促控措施，控制水肥，使茎秆长得粗壮。在浇灌浆水和麦黄水时候，要合理安排，控制流水次数和流水量，尽量做到浇水后 10～12 小时内不遇大风。

（2）小麦倒伏后，不要把小麦捆成一把一把的，使麦株直立。正确的做法是用竹竿将倒伏的小麦植株轻轻挑动，抖掉叶片上的水珠，以减轻植株的重量，加速小麦调节、恢复的进程，减轻倒伏的危害。

4.4　怎样防止小麦湿害

湿害，是由于雨水过多、排水不良、土壤过湿所造成的。通常采取三方面的措施：

（1）改土。可以通过合理轮作、加深耕作层和增施有机肥等办法，促进小麦生长，提高耐湿能力。

（2）排水。挖好田间排水沟渠，降低地下水位，可以开挖深沟，还可以采取修暗沟、埋暗管等措施。

（3）调整作物布局。尽量避免水田包围旱田，还可以选用抗湿害强的品种。

4.5　冬种马铃薯遇霜冻简易防御和灾后补救措施

防御措施如下：

（1）覆盖保温。霜冻发生前，最好用农膜覆盖，尤其是黑膜覆盖，黑膜成本较低，霜冻期间一般无风，只遮盖马铃薯畦，四周贴地，1～2米压一泥块即可。如果不用农膜，可利用稻草、玉米秸秆、甘蔗叶、杂草、麻袋等覆盖或搭建小拱棚遮盖。霜冻结束气温稳定回升后可揭去农膜或覆盖物。

（2）熏烟驱寒。在霜冻天气来临前的中午至凌晨天亮前，可用稻草、杂草、蔗叶、谷壳、枯枝、木糠、旧轮胎等熏烟材料，于上风方向处熏烟，熏烟点设置一般每公顷为45～75个。不可放明火，只施放浓烟雾，使烟雾留在离地面较低的空间弥漫，提高气温，防止霜冻。

（3）灌水保温。对已经开叶和旺长的马铃薯，霜冻来临前，实施漫灌、沟灌，浇透畦面，灌满畦沟保温，漫灌时间以不超过10小时为好。对未出苗的马铃薯田块，灌水不能泡至种薯，以防烂种、烂芽，可灌至半沟，霜冻结束后及时排干。

（4）推广早熟品种加早播避霜技术。力争利用收获晚稻制种田、旱地或其他早熟作物田地抢在10月上、中旬播种，选用费乌瑞它等早熟品种。这一时段播种的马铃薯长势较好，收获较早，产量和价格较高，且能较好地避开霜冻高发时段，最大限度地减少灾害损失。

（5）喷施防冻剂或营养液。在霜冻天气到来前，作物应停止施用氮肥，防止植株过于柔软而使抗寒能力下降，可喷施0.2%～0.5%磷酸二氢钾叶面肥和植物防冻剂40～50倍液，增强作物抗寒性。

灾后补救管护措施如下：

（1）分类指导抓好灾后管护。对受冻较轻的马铃薯在解冻气温稳定回升后，要及时追施复合肥，迅速恢复生长，稳定产量。苗期地上部冻死但地下仍能恢复出芽的，要及时清除冻死的地上植株死苗，并喷洒800～1000倍70%甲基托布津，或百菌清60～80倍药液，防止发病感染，促进地下茎块重新长出新芽。施用复合肥每公顷150～225千克，只要加强管护，仍可获得相当产量。

（2）重灾田要及时改种。对已冻死绝收或受灾严重的马铃薯田块，要及时改种生育期短的时令叶菜如小白菜、春菜等作物，既可利用已施于马铃薯田地中的肥料，减少成本，又可增加一季收入，弥补损失。

4.6 怎样预防春季"倒春寒"的危害

南方的早稻等喜温作物播种和幼苗生长期间,如遇"倒春寒"天气,容易造成烂种、烂秧和死苗现象。

(1)掌握"倒春寒"发生规律,收听"倒春寒"天气预报。比如,可抓住天气演变过程中的"冷尾暖头",抢晴播种。

(2)加强田间管理,改善农田小气候条件。对早稻秧田进行科学排灌,在"倒春寒"到来时进行深水护秧,采取"夜灌日排""晴排雨灌",调节秧田水热状况。

(3)有条件的地区,可采取温室蒸汽或无土育秧,使整个早稻育秧过程完全在人工控制下,保证培育适龄壮秧。

4.7 怎样防御秋季寒露风的危害

(1)根据寒露风出现规律和安全齐穗期,合理搭配品种,提出适宜播栽期,使其安全齐穗,避免寒露风的危害。

(2)注意应用寒露风长期预报,合理安排生产。在寒露风早的年份可多种些早熟品种,甚至可缩小双季稻的种植面积;晚的年份可多种些晚熟品种。

(3)采取相应的农业措施,改善农田小气候,如灌水、喷水、喷磷、喷施根外肥料等,以减轻低温的危害。

(4)选育抗低温高产品种。

4.8 怎样预防南方热带作物的寒害

我国南方热带作物遇 10℃以下、0℃以上的低温,植株会枯萎、腐烂或感病,直至死亡,这种现象称为寒害。不同的热带作物遭受寒害的温度指标不同,各地发生寒害的情况也不相同。

（1）热带作物要合理布局，比如，可选择在背风向阳的地方。

（2）改善小气候环境，比如，热带作物种植区周围可营造防护林。

（3）寒害频发地区可选用耐寒的品种。

（4）遇冷空气侵袭时可临时覆盖。

 4.9 农业上预防霜冻有哪些措施

主要防御措施有两大类，即农业措施和物理方法。

适用于大面积农田的农业措施：

（1）种植耐寒作物，培育抗寒高产品种。

（2）加强田间管理，如使用暖房、阳畦等进行育苗及栽培作物，促使作物提前成熟。

（3）采取先进的栽培技术，如设置风障，提高作物的耐寒能力。

（4）根据气象预报，选择适宜的播种期及早熟品种，避过霜冻危害时期。

（5）参照农业气候区划，合理进行农业布局，根据作物种类选择适宜的种植地点，以避开霜冻。

物理方法：

（1）灌溉法：在霜冻发生的前一天灌水，保温效果较好。

（2）熏烟法：燃烧柴草等发烟物体，在作物上面形成烟幕，减缓降温，并能增加株间温度。

（3）覆盖法：用草帘、席子、草灰、尼龙布覆盖，或用土覆盖。

农作物遭受霜冻补救措施：

（1）如受害严重，尽快重新播种。

（2）如受害不重，可通过水肥管理，促进分蘖，新芽长出，减轻冻害。

（3）对已经成熟的蔬菜瓜果，应及时采收，避免冻坏。

##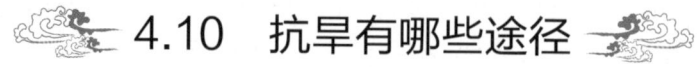

4.10 抗旱有哪些途径

抗旱有两条途径，一是增加水分，二是保住水分。一般来说，可以通过兴修水利、科学灌溉、节约用水、植树造林、人工增雨、推广耐旱品种等手段来抗旱。

常用的方法有：

(1) 伏天深耕翻和镇压提墒等。

(2) 播种时可采用深沟播、浅盖土，分蘖以后再培土的方法，保证播种质量。

(3) 采取免耕法。

4.11 农业保险主要有哪几种

农业保险是指在农业生产经营活动过程中，因为自然灾害或意外事故造成有生命的动植物伤亡而导致经济利益的损失，以经济补偿为目的的保险保障活动。根据农业种类的不同，可分为三大类。

种植业保险：主要指农作物保险，一般又分为生长期农作物保险和收获期农作物保险。

养殖业保险：包括大牲畜、家禽、水产养殖等。

林木保险：以人工林、自然林为承保对象。

第 5 章
仙游县典型气象灾害个例

5.1　台风个例

 5.1.1　2014 年第 10 号台风"麦德姆"

（1）天气实况

2014 年第 10 号台风"麦德姆"于 7 月 18 日 02 时在菲律宾以东的西北太平洋洋面生成，生成后其路径较稳定地向西北方向移动，强度逐渐加强为强台风，穿过台湾后强度开始减弱，于 23 日 15 时 30 分在福清高山镇登陆，登陆时近中心最大风力 11 级（30 米 / 秒，强热带风暴级）。登陆后向西北偏北方向移动，并逐渐减弱为热带风暴。其路径如图 5-1 所示。

受其影响，从 7 月 22 日 20 时至 24 日 20 时仙游普降暴雨，局部大暴雨。过程雨量 100～200 毫米，局部超过 250.0 毫米，其中九鲤湖累计雨量达 292.5 毫米为最大，大坪水库 243.3 毫米次之。仙游本站雨量 154.3 毫米。具体如表 5-1 所示。

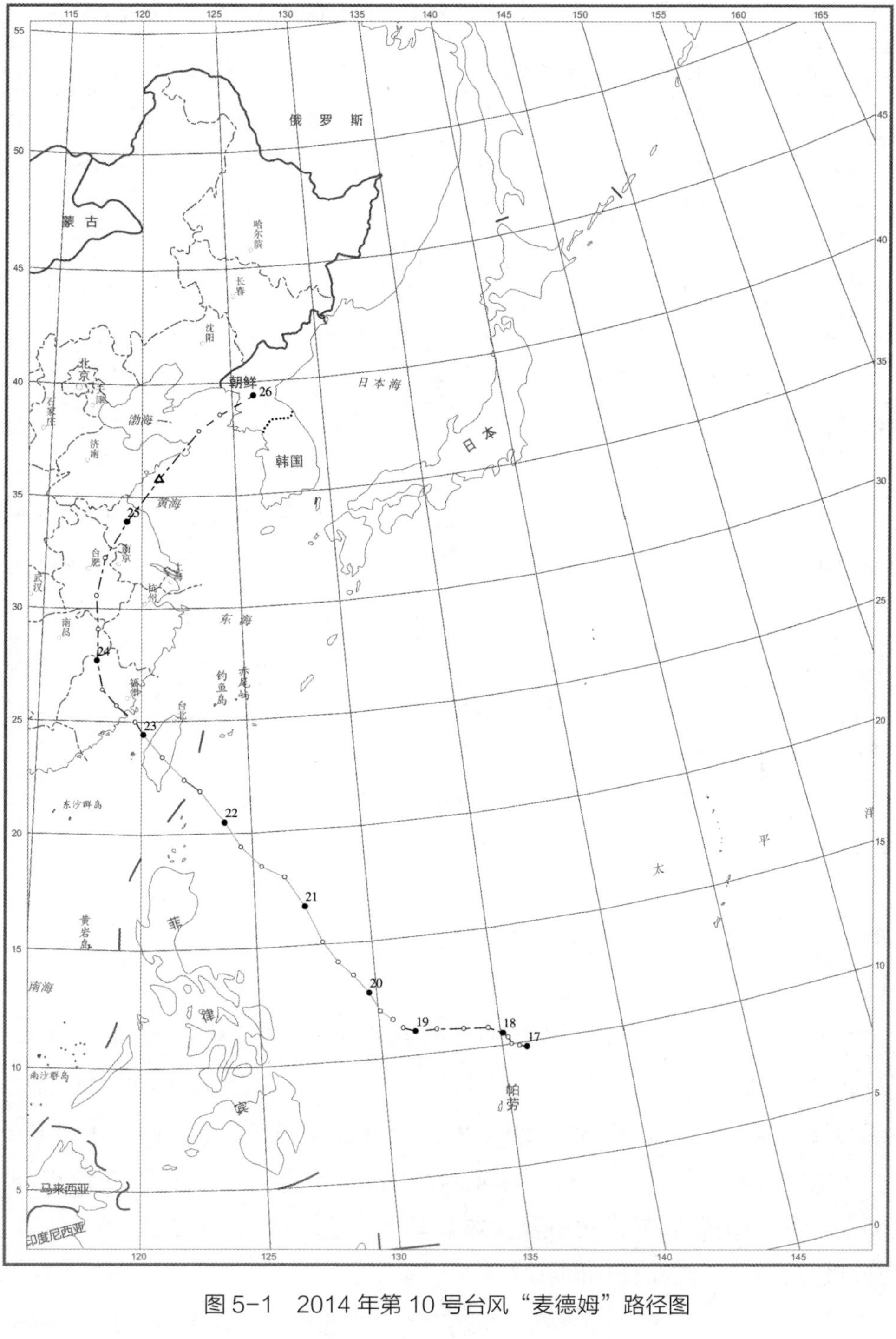

第 5 章　仙游县典型气象灾害个例

图 5-1　2014 年第 10 号台风"麦德姆"路径图

表 5-1　2014 年 7 月 22 日 20 时至 24 日 20 时自动站累计雨量（单位：毫米）

地点	九鲤湖	大坪水库	西祭水库	太平亭水库	东溪水库
雨量	292.5	243.3	234.2	228.0	226.8
地点	溪尾	游洋	新周	榜头	象溪
雨量	226.3	222.8	215.5	208.8	207.1
地点	古马山水库	下塘水库	西苑	九龙岩水库	园庄
雨量	194.9	189.8	185.2	179.2	178.8

另外，此次台风过程中仙游部分乡镇还出现 7～9 级大风天气，极端瞬时风速达 10 级（湖洋站）。

（2）灾情影响

受其影响，全县经济总损失 12 276 万元。具体损失如下：全县 18 个乡镇不同程度受灾，倒塌房屋 98 间，受灾人口 4.222 万人；农作物受灾面积 7068.7 公顷（其中粮食作物 4490.0 公顷），农林牧渔业直接经济损失 4325 万元；水利设施损坏堤防 2 处、损坏护岸 29 处、水闸 2 座、冲毁塘坝 1 座、损坏灌溉设施 21 处、损坏水文测站 2 个、损坏机电井 5 眼，直接经济损失 4328 万元；停产工矿企业 33 个，公路中断 2 条，供电中断 41 条次，通信中断 15 条次，工业交通运输业直接经济损失 2272 万元；其他经济损失 1351 万元。

5.1.2　2016 年第 14 号台风"莫兰蒂"

（1）天气实况

2016 年第 14 号台风"莫兰蒂"于 9 月 10 日 14 时在西太平洋洋面上生成，11 日 14 时加强为强热带风暴，12 日 02 时加强为台风，12 日 08 时逐渐加强为强台风，12 日 11 时逐渐加强为超强台风，于 15 日凌晨在晋江到诏安一带沿海登陆，随后向西偏北方向移动接近福建省沿海，并于 15 日 03 时 05 分在厦门市翔安区沿海登陆（强台风），随后继续沿北偏西方向移动，强度快速减弱。其路径如图 5-2 所示。

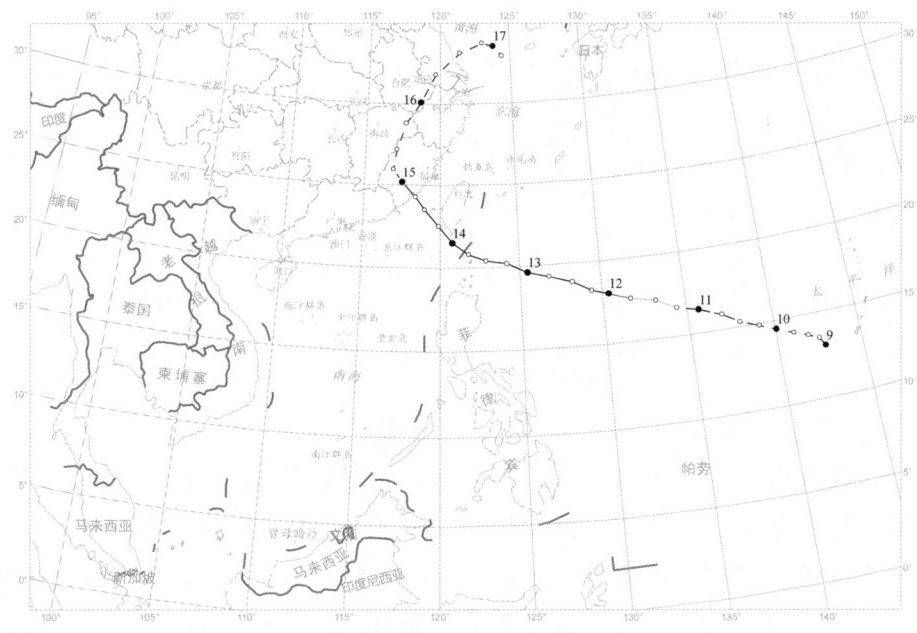

图 5-2　2016 年第 14 号台风"莫兰蒂"路径图

受其影响，从 9 月 13 日 08 时至 16 日 08 时仙游普降暴雨至大暴雨，过程累计雨量达 150～250 毫米，局部超过 250 毫米，其中溪口林场累计雨量达 380.1 毫米为最大，西苑 370.0 毫米次之，测站过程雨量 185.2 毫米（表 5-2）。另外，此次台风过程仙游内陆大部分乡镇平均风速 6～7 级，阵风 8～9 级。

表 5-2　2016 年 9 月 13 日 08 时至 16 日 08 时自动站累计雨量（单位：毫米）

地点	游溪口林场	度尾	新周	古洋水库	游洋	九鲤湖	东石水库	钟山	宋坑水库	溪尾
雨量	380.1	300.6	234.5	209.0	190.5	171.8	155.9	120.1	101.3	8.1
地点	西苑	蒋隔水库	百松	龙华	鲤南	赖店	红旗水库	金钟水库	郊尾	
雨量	370.0	269.2	233.2	207.6	188.2	169.8	137.6	107.9	99.5	
地点	金山水库	书峰	园庄	外坑水库	仙游	石苍	丰收水库	下塘水库	狮球水库	
雨量	351.0	239.1	230.1	207.6	185.2	166.5	137.3	105.3	91.7	

续表

地点	游溪口林场	度尾	新周	古洋水库	游洋	九鲤湖	东石水库	钟山	宋坑水库	溪尾
地点	圳口水库	东溪水库	湖洋	大坪水库	双溪口水库	九龙岩水库	盖尾	枫亭	榜头	
雨量	337.6	238.8	228.2	201.5	180.1	160.1	128.0	105.1	91.3	
地点	埔尾	古马山水库	大济	莱溪	西祭水库	太平亭水库	文子水库	阮庄村	枫亭交通	
雨量	305.2	237.9	210.1	199.5	178.0	159.7	126.1	102.6	58.5	

（2）灾情影响

受其影响，全县受灾人口2.45万人，紧急转移受威胁人口14115人，倒塌房屋692间，农作物受损面积3946.7公顷，直接经济损失8470.9万元。工业企业停产5家，35千伏供电线路跳闸3处，10千伏线路受损60条，配变停运2770台，累计停电户数288 488户，公路中断4条处，累计冲毁路基3.5千米、路面5.6千米、桥梁4座，度尾、石苍、园庄和社硎等部分乡村道路出现不同程度水毁，龙华金沙三郊线发生塌方，赖园线和枫园线等出现溜方。大济古濑、龙华爱和、度尾洋坂等村堤防损坏76处14.21千米。

5.2 暴雨个例

5.2.1 2015年7月20—22日暴雨过程

（1）天气实况

受南海辐合带北抬和西南辐合急流等共同影响，7月19日20时至23日08时仙游县大部分乡镇出现强降水暴雨天气过程。过程累计雨量达150～250毫米，局部超过250毫米，其中双溪口水库最大，达265.7毫米，丰收水库257.3毫米次之。测站过程雨量210.8毫米，具体如表5-3所示。

表 5-3 2015 年 7 月 19 日 20 时至 23 日 08 时自动站累计雨量（单位：毫米）

地点	鲤城	双溪口水库	丰收水库	大坪水库	大济
雨量	210.8	265.7	257.3	247.5	245.1
地点	太平亭水库	溪尾	东溪水库	金建	榜头
雨量	238.7	229.6	226.7	226.3	220.6
地点	盖尾	石苍	九龙岩水库	龙华	郊尾
雨量	218.2	215.4	211.1	205.0	204.9

（2）灾情评估

受其影响，全县 5 个乡镇不同程度受灾，倒塌房屋 53 间，受灾人口 0.158 万人，直接经济总损失 1046 万元。其中农作物受灾面积 195.3 公顷（其中粮食作物 158.7 公顷），因灾减产粮食 100 万千克，经济作物损失 53 万元；农林牧渔业直接经济损失 356 万元；水利设施直接经济损失 383 万元，其中损坏护岸 2 处，损坏灌溉设施 6 处；停产工矿企业 3 个，供电中断 1 条次，工业交通运输业直接经济损失 45 万元；其他经济损失 209 万元。

5.2.2 2017 年 6 月 13—16 日暴雨过程

（1）天气实况

受台风"苗柏"残余环流和低涡切变的共同影响，6 月 13 日 20 时至 16 日 20 时仙游出现大暴雨天气过程，过程累计雨量 96.0～197.1 毫米，其中度尾镇圳口水库最大，达 197.1 毫米，西苑乡 188.1 毫米次之，仙游本站雨量 129.6 毫米，具体如表 5-4 所示。

表 5-4 2017 年 6 月 13 日 20 时至 16 日 20 时自动站累计雨量（单位：毫米）

地点	圳口水库	西祭水库	石苍乡	太平亭水库	丰收水库	兴山村	东溪水库	赖店镇	新周村	下塘水库
雨量	197.1	177.6	168.2	151.9	142.4	130.2	115.5	110.2	104.4	97.1
地点	西苑乡	百松村	湖洋村	金钟水库	书峰乡	仙游	古马山水库	盖尾镇	枫亭镇	东石水库
雨量	188.1	171.9	160.6	148.5	138.1	129.6	112.5	108.3	101.7	96.0
地点	溪口林场	大坪水库	度尾镇	九鲤湖景区	金山水库	鲤南镇	龙华镇	外坑水库	郊尾镇	

续表

地点	圳口水库	西祭水库	石苍乡	太平亭水库	丰收水库	兴山村	东溪水库	赖店镇	新周村	下塘水库
雨量	183.7	169.2	159.3	147.2	138.1	123.6	112.3	105.9	101.6	
地点	蒋隔水库	抽水蓄能电站	钟山镇	大济镇	双溪口水库	榜头镇	阮庄村	宋坑水库	狮球水库	
雨量	182.4	169.1	159.2	144	137.6	123.3	111.4	105.4	101.2	
地点	溪尾水库	菜溪乡	埔尾村	游洋镇	九龙岩水库	古洋水库	枫亭交通	文子水库	园庄镇	
雨量	179.6	168.2	157.5	142.9	134.3	121.2	110.5	105.1	99	

（2）灾情及影响

受其影响，全县出现较严重的灾情。水情方面，各水库水位普遍上涨，全县28座小一型以上水库库容达1.63亿立方米，占总库容的67%，东溪水库、游洋太平亭和盖尾后井水库已溢洪，枫亭外坑水库超控蓄水位2米，度尾圳口水库超控蓄水位1.6米，园庄东石水库超控蓄水位1米，枫亭文子水库超控蓄水位0.1米，园庄古马山等2座水库接近控蓄水位。木兰溪水位现为45.3米，距离警戒水位46.6米还有1.3米。灾情方面，全县18个乡镇（街道）不同程度受灾，受灾人口1337人，转移人口4744人，倒塌房屋18间，其中盖尾瑞沟村4户7间、湖坂1户4间、度尾后埔1户2间、度峰1户2间。农作物受灾面积1954亩。交通公路中断7条次，其中园庄赖园路枫林段溜方较为严重，龙华三郊路往金山方向路段发生险情。水利方面，共损坏堤防4处长约1000米、护岸2处、灌溉设施1处。因暴雨造成全县直接经济损失477万元。人员转移方面，全县危险区域受威胁群众共有4744人，其中：城乡低洼地、易涝地573人，易滑坡地3615人，危房、简易工棚501人，枫亭渔船渔排55人。

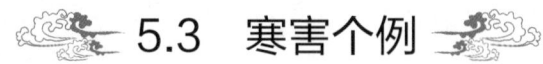

5.3 寒害个例

5.3.1　2016年1月23—26日寒潮过程

（1）天气实况

受北方强冷空气南下影响，1月23日起仙游气温大幅下降，出现了寒潮天气：极端最低气温过程降温幅度达 10.1℃，过程极端最低气温 –1.0℃，出现在 1 月 25 日早晨，西北部山区（溪尾）极端最低气温达 –7.6℃为最低；仙游本站 24 小时和 48 小时最低气温降温幅度较小，分别为 2.0℃和 5.5℃。受其影响，24 日西苑乡的东湖村、柳园村、前溪村和前县村出现小雪，25—26 日夜晨全县有霜和结冰，给工农业生产和国民经济带来严重影响。

（2）灾情影响

受寒潮降温冰冻天气影响，全县经济总损失达 1.14 亿元。一是农业方面，据统计，主要有蔬菜约 4533.3 公顷，食用菌 266.7 公顷，马铃薯、玉米等粮食 166.7 公顷，早钟 6 号枇杷、香蕉等水果约 2300 公顷，青黛等中药材约 53.3 公顷，黄金果等观赏植物、花卉 10.3 公顷受冻害；水产受灾 263 公顷（其中水库 249.7 公顷），水产品减产 37 万千克。因冻害造成农作物减产、成鱼死亡等直接经济损失近 1000 万元，农业间接损失达 1.2 亿元以上。二是林业方面，全县共有金线莲 8 公顷受害，损失约 360 万元；百合 6.7 公顷、郁金香 0.7 公顷、鼠尾草 2 公顷（10 万棵）、孔雀草 1 公顷（5 万棵）、矮牵牛 1 公顷（5 万棵）、风信子 5 万棵、鸡蛋花 200 株、花卉小苗 4 万株、其他花卉 3 万株受害，损失约 220 万元；沉香树、沉香小苗 40 万株受害，损失约 336 万元；其他林木 300 公顷受害，损失约 225 万元。林业损失共计 1141 万元。

第 6 章
气象为防灾减灾服务

6.1 灾害性天气警报的发布

6.1.1 灾害性天气警报的发布规定

《中华人民共和国气象法》第 22 条规定，国家对公众气象预报和灾害性天气警报实行统一发布制度。各级气象主管机构所属的气象台站应当按照职责向社会发布公众气象预报和灾害性天气警报，并根据天气变化情况及时补充或者订正。其他任何组织或者个人不得向社会发布公众气象预报和灾害性天气警报。

国务院其他有关部门和省、自治区、直辖市人民政府其他有关部门所属的气象台站，可以发布供本系统使用的专项气象预报。

随着现代通信的快速发展，气象灾害预警信息发布传播体系得到不断完善。灾害性天气警报的发布传播渠道从原有的广播、电视、报纸、警报器、传真机向声讯电话（96121、12121）、互联网、手机短信、电子显示屏等拓宽。

广播、电视、报纸、电信等媒体向社会传播气象预报和灾害性天气警报，必须使用气象主管机构所属的气象台站提供的适时气象信息，并标明发布时间和气象台站的名称。气象信息员传播的气象灾害预警信息也应当是当地气象台站发布的适时预警信息。

6.1.2 气象灾害预警信号种类简要介绍

《气象灾害预警信号发布与传播办法》(中国气象局第 16 号令)于 2007 年 6 月 12 日颁布实施,其中将预警信号分为台风、暴雨、暴雪、寒潮、大风、沙尘暴、高温、干旱、雷电、冰雹、霜冻、大雾、霾、道路结冰 14 类。预警信号的级别依据气象灾害可能造成的危害程度、紧急程度和发展态势一般划分为四级:Ⅳ级(一般)、Ⅲ级(较重)、Ⅱ级(严重)、Ⅰ级(特别严重),依次用蓝色、黄色、橙色和红色表示,同时以中英文标识。

6.2 气象灾害的主动和被动防御

在历史发展的长河中,在相当一段时间内,限于当时生产力水平的局限,人们对气象灾害的认识还是肤浅的,往往是在灾害来临时,或是匆忙迎战,或是被动挨打,但终因难有回天之力,使得生命财产受到很大损失,这种情况甚至在近代还时有发生。

事实上,各种气象灾害都是由不同的天气现象造成的。在形成气象灾害之前,这些天气现象都有一个孕育和发生发展过程,如风、雨、气温等超过一定的临界值就会发生灾害,在发生灾害之前一般都会有前兆出现。做好灾害趋势预报,能够有效提高气象灾害防御的科学性和时效性。由于气象灾害时空分布不均匀、灾害损失重,大大增加了灾害防御的难度。即使是在如今天气预报技术较高的今天,也有可能会出现民众在收到政府防御指令时,气象灾害已经来临的情况。这时临时采取措施可能已错过灾害防御的最佳时机。因此,制定有针对性的防灾措施,抓住防灾避灾的有利时机,变被动防御为主动防御,就要做好以下两个方面:

一是做好气象防灾减灾科普知识的宣传和普及,提高基层群众的灾害防范意识和防灾避险自救能力,变被动防御为主动防御,提高社会民众特别是广大农村群众的灾害防御水平。为此,就要做好灾害风险区划研究,加大气象防灾减灾科普知识的宣传力度。要进一步加强气象灾害风险评估工作。

根据当地地理环境和气象灾害特点,逐步建立气象灾害风险区划,有针对性地制定和完善防灾减灾措施。各级政府要通过宣传和舆论引导，使民众在面临可能发生的灾害时，能够提前主动采取灾害防御措施，积极配合政府组织的灾害防御工作，有效减少灾害损失。

二是建立健全气象灾害防御体系，充分发挥气象信息员的桥梁纽带作用。要进一步建立健全"政府主导、部门联动、社会参与"的气象灾害防御体系，把各级政府组织防御和社会公众主动科学防范有机结合起来。针对基层气象灾害防御实际，深入广大基层建立气象信息员队伍应急联系人员，提高气象灾害防御应急响应的联动性和防灾减灾效果。要求气象信息员熟悉当地气象灾害重点防御区域，按职责做好气象灾害预警信息传播，及时报告灾情、险情和灾害性天气信息，积极协助当地政府做好气象灾害应急防御的组织工作，充分发挥气象信息员在基层防灾减灾中的重要作用，切实做到规避灾害风险，减轻灾害损失。

6.3 气象灾害应急预案

为建立健全气象灾害应急响应机制，做好新时期的气象防灾减灾工作，国务院办公厅出台并印发了《国家气象灾害应急预案》（以下简称《预案》）。

作为国家专项应急预案之一，《预案》涵盖了从气象灾害预警、应急响应、应急处置到恢复重建的全过程，目的是建立健全气象灾害应急响应机制，提高气象灾害防范、处置能力，最大限度地减轻或者避免气象灾害造成的人员伤亡、财产损失，为经济和社会发展提供保障。

《预案》在气象灾害防御方面凸显三大特点：一是体现了政府主导的气象灾害防御体系，确定了地方政府建立气象灾害政府专项应急预案体系的重要任务；二是建立气象灾害防御的部门联动机制，首次以国务院规范文件形式明确了气象灾害从预警到响应部门联动的职责；三是充分发挥社会参与作用，强化了气象部门有关气象灾害预警信息发布的地位。

《预案》适用于中国范围内台风、暴雨（雪）、寒潮、大风（沙尘暴）、低温、高温、干旱、雷电、冰雹、霜冻、冰冻、大雾、霾等气象灾害事件的防范和应对,并对气象灾害防范和应对的组织体系、监测预警、应急处置、恢复与重建、应急保障、预案管理等方面进行了详细规定。根据分级管理、属地为主的原则,《预案》确立了国家和地方应急指挥机制,规定当发生跨省级行政区域大范围的气象灾害,并造成较大危害时,由国务院决定启动相应的国家应急指挥机制,统一领导和指挥气象灾害及其次生、衍生灾害的应急处置工作。

《预案》强化了气象部门在监测预报、信息共享、灾害普查、预警信息发布、部门响应等工作中的作用,明确气象灾害预警信息由气象部门负责制作并按预警级别分级发布。其他任何组织、个人不得制作和向社会发布气象灾害预警信息。

《预案》规定,各地区、各部门要认真研究气象灾害预报预警信息,组织力量深入分析、评估可能造成的影响和危害,做好启动应急响应的各项准备,并按气象灾害发生的程度和范围,及其引发的次生、衍生灾害类别,按照职责和预案启动响应。

6.4 减灾防灾的原则

综观人类发展史,灾害与人类同存共在。目前,人类还没有能力来减轻或消除气象灾害源的强度,不过,可以通过一些方法改变灾害源的能量,比如人工消雹、分洪滞洪。其实,减轻气象灾害主要是对灾害采取避防和保护性措施,包括灾害监测和预报,防灾、抗灾、救灾和灾后重建,尤其是在"预防为主,防抗结合"的方针指导下,建立预警机制,动员全社会力量,共同努力,做好"灾前防,灾中抗,灾后救"。

灾前防是指根据气象灾害的前兆,气象部门作出气象灾害的预报预警,相关部门有针对性地制定防灾对策,落实防灾措施。还包括增强人们防灾意识和软硬件工程建设的长期性工作。

灾中抗是指在灾害发生时指挥系统根据抗灾决策和措施及时采取抗灾行动,也包括居民在气象灾害发生期间采取的应急避险措施。

灾后救是指气象灾害发生后相关部门迅速开展灾情调查评估、筹款筹物救济灾区、恢复生产重建家园等工作,也包括气象灾害发生以后(包括灾害期间)对由灾害给人体造成的伤害进行及时有效的抢救。

我国劳动人民在与气象灾害的长期斗争中,积累了不少经验,可概括为九字原则。

一是学。要学习各种气象灾害及其避险知识。

二是备。做好个人、家庭物资准备,建议家庭必备十项防灾器材,清洁水、食品、常用药物、雨伞、手电筒、御寒用品和生活必需品、收音机、手机、绳索、适量现金。如有婴幼儿,还须准备奶粉、奶瓶、尿布等婴儿用品。如有老人,要为老人准备拐杖、特需药品等。尤其要增强防灾心理素质,面对灾害,不必过于紧张、惊慌、恐惧,要乐观,尽量放松自己,更不要对外来救助失去信心。还有,灾前要选好避灾的安全场所。

三是听。通过正规渠道,如电视、广播、报纸、121电话、车上天气警报显示、手机短信等,及时收听(收看)各级气象部门发布的灾情信息,不可听信谣传。

四是察。密切注意观察周围环境的变化情况,一旦发现某种异常现象,要尽快向有关部门报告,请专业部门判断,提供对策措施。

五是断。在救灾行动中,首先要切断可能导致次生灾害的电、煤气、水等灾源。

六是抗。灾害一旦发生,要有良好心态,坦然面对,不要惊慌,要乐观,召唤大家,进行避险抗灾。

七是救。利用已经学过的一些救助知识,组织大家自救和互救,比如在大水、大火中逃生的自救和互救;利用准备的药品,对受伤生病者进行及时抢救,还要注意做好卫生防疫工作。

八是保。除了个人保护外,积极参加防灾保险,比如人身意外伤害保险、农作物保险等,以减少经济损失。

九是练或演。社区街道办事处、居委会以及乡村党支部、村委会根据本地区气象灾害特点,与相关部门配合制定气象灾害应急避险预案,在气象灾害频发季节到来之前,检查措施落实情况,并组织进行防灾练习或演习。

6.5 气象灾害发生后的紧急救护

6.5.1 紧急医疗救护常识

现场急救处理的首要任务是抢救生命、减少伤员痛苦、减少和预防伤情加重及发生并发症,正确而迅速地把伤病员转送到医院。急救步骤如下:

(1)报警

一旦发生人员伤亡,不要惊慌失措,马上拨打 120 急救电话报警。

(2)对伤病员进行必要的现场处理

迅速排除致命和致伤因素。如搬开压在身上的重物,撤离中毒现场,意外触电应立即切断电源,清除伤病员口鼻内的泥沙、呕吐物、血块或其他异物,保持呼吸道通畅等。

检查伤员的生命特征。检查伤病员呼吸、心跳、脉搏情况。如无呼吸或心跳停止,应就地立刻开展心肺复苏。

止血。有创伤出血者,应迅速包扎止血。止血材料宜就地取材,可用加压包扎、上止血带或指压止血等。然后将伤病员尽快送往医院。

如有腹腔脏器脱出或颅脑组织膨出,可用干净毛巾、软布料或搪瓷碗等加以保护。

有骨折者用木板等临时固定。

神志不清者,未明了病因前,注意心跳、呼吸、瞳孔大小。

(3)迅速而正确地转运伤病员

按病情的轻重缓急选择适当的工具进行转运。运送途中应随时关注伤病员的病情变化。

6.5.2 中暑后的急救

(1)迅速将病人转移到阴凉、通风的地方,解开衣扣,平躺休息。

(2)用冷毛巾敷头部,并擦身降温。

(3)喝一些淡盐水或清凉饮料,清醒者也可服用人丹、绿豆汤等。

（4）昏迷者可用手指掐人中穴、内关穴及合谷穴等，同时立即送医院救治。

6.5.3 雷击中后的急救

某人被雷击中后，人们往往会认为他的身上还有电，不敢上前抢救。其实这种观念是错误的，遭受雷击的人可能已经受伤或者休克，但是他们身上并不带电。遭遇雷击后，抢救及时还是有可能将伤者救活的。有时即使感觉不到受害者的呼吸和脉搏，也不一定意味着受害者已经死亡。如果能及时抢救，往往还能挽救一条生命。

（1）如果受害者衣服着火。马上让他躺下，以防止火焰烧伤面部。可以往受害者身上泼水，或者用厚的衣物、毯子把伤者裹住。

（2）对停止呼吸者及时进行人工呼吸。雷击后进行人工呼吸的时间越早，越容易抢救。

（3）对心脏停止跳动的受害者进行心脏按摩。如果能在4分钟内以心肺复苏法进行抢救，让心脏恢复跳动，就有可能救活受伤者。

（4）如果一群人被雷电击中，应先抢救那些已经晕厥的人，再抢救能发出呻吟的人。

6.5.4 冻伤后的急救

（1）局部冻伤在初期并没有明显的感觉，因此，要密切观察容易冻伤的部位。如果发现皮肤有发红、发白、发凉、发硬等现象，应用手或干燥的绒布摩擦伤处，促进血液循环，减轻冻伤。轻度冻伤用辣椒泡酒涂擦便可见效。

（2）为了防止冻伤，要多多活动，容易冻伤的地方更要注意。不时地活动活动面部肌肉，如做皱眉、挤眼、例嘴等动作，用手揉搓面、耳、鼻等部位。

（3）特别注意鞋袜的干燥，出汗多时应及时更换或烘干，因为在潮湿的情况下最易冻伤。

（4）冻伤的手脚，如有条件可放在40℃左右的水中浸泡。水温太低时效果不好，超过49℃时易造成烫伤。禁止把患部直接泡入热水中或用火烤，这样会使冻伤加重。可以在冻伤的部位涂上獾油等药物。

（5）发现严重冻伤的人，应该及时将其转移到温暖干燥的地方。轻轻脱下伤处的衣物，摘下患者的戒指、手表等束缚物，可以对冻伤的地方进行轻轻地摩擦，以促进血液循环，使温度尽快恢复。

（6）全身冻伤的人会昏昏欲睡，一定要想办法使其保持清醒，因为睡着了会使体温更低，有可能导致死亡。

（7）可以将全身冻伤的人放在38～42℃的水中。搬运伤员时要小心，以免损伤僵直的身体。如果衣服已经冻结在伤员身上，不要强行脱下，以免损伤皮肤，可以连同衣物一起浸在温水中，解冻后再取下。

第 7 章
人工影响天气

现代人工影响天气是指为避免或者减轻气象灾害,以大气物理为基础,合理利用气候资源,在适当条件下通过人工干预的方式对局部大气的云物理过程进行影响,实现人工增雨、人工防雹、人工消雾、人工消云等目的的活动。现阶段主要以人工增雨、人工防雹为主。加强人工影响天气工作,不仅是农业抗旱和防雹减灾的需要,而且是水资源安全保障、生态建设和保护等方面的需要,对于建设资源节约型、环境友好型社会,实现人与自然的和谐,促进经济社会的可持续发展,具有十分重要的意义。

人工影响天气是防灾减灾、科学开发利用空中水资源的重要手段。仙游县是气象灾害频繁发生的地区,各类极端天气现象较多,水资源短缺日趋严重,干旱、冰雹等灾害时有发生,已成为影响仙游县经济社会发展的因素之一。开展人工影响天气工作,对仙游县应对重大灾害、提升防灾减灾能力,发展现代农业、增强粮食安全保障能力,开发云水资源、提高生态环境保护能力,增加水库蓄水具有极大的迫切性和现实意义。近年来,仙游县积极开展人工影响天气作业,在防灾减灾、开发利用气候资源、生态文明建设等方面取得了良好成效。

仙游县人工影响天气工作在仙游县人民政府的领导和协调下执行国家和上级有关部门的方针、政策和指示，组织实施仙游行政区域内人工影响天气工作；按照《人工影响天气业务现代化建设三年行动计划》和《福建省人工影响天气业务现代化建设三年行动计划实施方案》的部署，结合仙游特色，制定人工影响天气工作发展规划和年度工作计划，全面提升业务能力、科技水平和服务效益，增强防灾减灾能力，更好地服务仙游县经济、社会，改善民生福祉。

仙游县现有赖店镇古洋水库、东溪水库、西苑乡凤山、钟山镇何岭和九鲤湖5个人工增雨火箭弹作业点，西苑乡凤山和游洋镇兴山2个地面烟炉作业点。近年来仙游县积极开展人工增雨作业，有效缓解旱情，增加水库库容，2018年开展2次火箭弹人工增雨作业（图7-1），发射10枚火箭弹；开展4次烟炉增雨作业（图7-2），共燃烧焰条8根。

图7-1 火箭弹人工增雨作业

图 7-2 地面烟炉人工增雨作业

第8章
气象信息员

8.1 气象信息员产生背景

近年来,随着国家减灾规划的实施,基层气象灾害防御应急处置能力得到不断提高,气象灾害预警信息发布机制不断完善,信息覆盖面不断扩大,基层气象监测网络逐步完善。建设气象信息员队伍,加强基层气象灾害防御管理工作,建立并完善基层气象防灾减灾应急组织体系和联动机制,既是解决气象灾害防御的社会化问题的重要环节,也是提高社会应用气象服务能力、应急响应能力的有效手段。

2010年1月20日国务院第98次常务会议审议通过的《气象灾害防御条例》第三十二条指出,乡(镇)人民政府、街道办事处应当确定人员,协助气象主管机构、民政部门开展气象灾害防御知识宣传、应急联络、信息传递、灾害报告和灾情调查等工作。国务院2012年1号文件《关于加快推进农业科技创新持续增强农产品供给保障能力的若干意见》提出,扩大农业农村公共气象服务覆盖面,提高农业气象服务和农村气象灾害防御科技水平。近年来,在各级人民政府的统一领导下,迅速推进以气象信息员队伍建设为主体的基层气象灾害防御组织体系建设。农村气象防灾减灾体系如图8-1所示。2011年莆田市人民政府先后印发了《莆田市人民政府关于进一步加强农村气象灾害防御体系建设的意见》(莆政综〔2011〕93

号)、《莆田市人民政府办公室关于印发乡(镇、街道)气象信息服务站建设方案的通知》(莆政办〔2011〕211号)及《莆田市人民政府办公室关于印发莆田市气象灾害应急预案的通知》(莆政办〔2011〕226号)等系列文件,初步形成了"政府主导,部门联动,社会参与"的信息员队伍管理体制。仙游县人民政府重视气象灾害防御工作,落实文件精神,目前已建立了一支由298人组成的乡村气象信息员队伍。

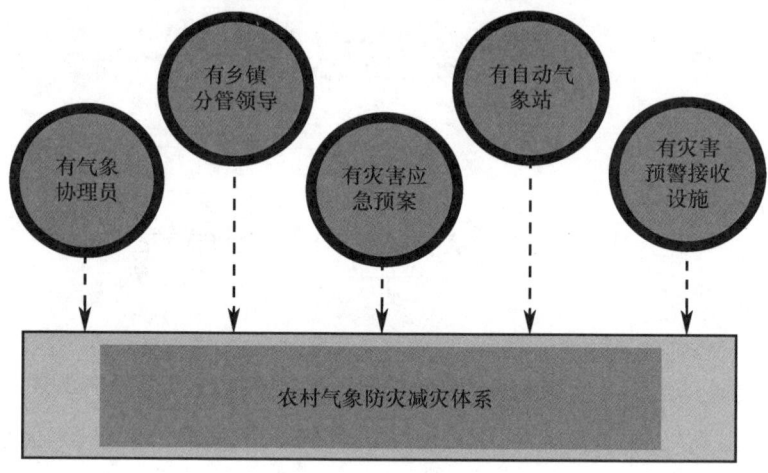

图 8-1　农村气象防灾减灾体系

8.2　气象信息员的权利与义务

(1)气象信息员权利

免费接收气象预警信息。

免费参加气象防灾减灾知识、气象灾害预警信号识别与防御、气象灾害调查方法及其他相关气象科普知识的培训。

工作认真负责、积极建言献策、成绩突出的气象信息员,可获得嘉奖。

(2)气象信息员义务

负责气象灾害预警信息的接收和传播,能结合当地实际提出灾害防御建议,协助当地政府和有关部门做好防灾减灾工作,并指导社会公众科学避灾。

充分利用"知天气"APP、"阿里钉钉"APP、微信等快速传播由气象部门制作的气象灾害预警信息。

根据当地农业生产实际,传播当地气象部门制作的农用天气预报和农业气象服务产品。

参加气象防灾减灾技能培训,能够熟练掌握本区域可能发生的各类气象灾害,防御重点及相关防灾避险知识。每年在汛期到来之前配合做好气象灾害演练。

负责本区域内特殊天气现象的观测与记录,并及时报告当地气象主管机构。

负责本区域内气象灾害及次生灾害信息的收集和报告,协助当地气象主管机构做好灾情调查、评估和鉴定工作。

协助当地气象主管机构,做好本区域内气象设施的日常维护及管理,开展定期巡查、清洁除尘等日常维护及安全管理工作,发现设备被盗、损坏等异常情况立即报告当地气象主管机构。

协助当地气象主管机构,依法开展本区域内防雷减灾安全管理工作。

负责气象灾害防御知识和气象科普常识的普及、宣传。宣传农村防雷科普知识,联合当地建设、气象等部门指导农村住宅防雷设施安装,开展雷电灾害调查。

收集当地气象服务需求信息及合理化建议,定期向当地政府和气象部门反馈。

协助当地气象主管机构做好其他工作。

8.3 气象信息员的基本要求

具有较好的政治思想素质,热心气象防灾减灾公益事业。

具有一定的管理能力和较强的责任心,能尽职尽责完成工作任务。

熟悉本区域可能发生的各类气象灾害、防御重点区域,经培训熟练掌握相关防灾避险知识。

具有良好身体素质，一般要求年龄在50岁以下，高中以上文化程度。

8.4 气象信息员的工作流程

（1）预警信息传播

气象灾害预警信号由各级气象台站依法向社会统一发布，其他任何组织或者个人不得向社会发布气象灾害预警信号。气象次生、衍生灾害的预报、警报，由有关部门会同气象主管机构向社会联合发布。法律、法规另有规定的，从其规定。当地气象台站充分利用广播电视、互联网、通信、电子显示屏等手段向社会发布气象灾害预警信号。气象信息员可通过广播、电视、互联网、短信、电子显示屏、"知天气"APP、全国气象信息员管理平台"钉钉"APP等对应手段接受预警信息，并通过电话、移动互联网APP、乡村大喇叭等方式进行预警信息传播，使预警信息能够第一时间传送到群众手中。在常规通信手段失效时也可采用敲锣打鼓等方式及时将预警信息告知周围企业、群众，应尽可能利用农村学校、车站、码头、农贸市场、医院、公共场所等集散地，传递预警信息，使之进村入户，家喻户晓。

（2）气象灾害的防御

在气象灾害来临时，协助当地政府部门开展灾前防御准备，宣传气象灾害防御措施，指导帮助群众开展防灾抗灾。受气象灾害影响时要及时调查周围企业、群众受灾情况，并将灾情调查信息经过整理核实后报送气象部门。灾害结束后及时了解周围群众采取的主要防御措施和取得的效果，为今后防灾积累经验。开展重点单位走访，收集并向气象部门反馈服务效益情况、服务需求，对影响大、服务效益显著的事例，应及时进行宣传，提高周围群众防灾减灾信心。

（3）特殊天气现象观测

日常关注天气变化，对发生的特殊天气现象如强降水、雷电、龙卷、冰雹等特殊天气现象及时地实事求是地进行观测与记录，并在第一时间将天气现象发生时间、地点、测量（或目测）数据告知当地气象主管机构。

（4）气象设施巡查

定期巡查所负责的气象设施，对气象设施外观、设施情况、周边环境进行巡查，做好巡查记录，一旦发现异常情况，应初步确认问题所在，拍摄现场灾情，以备资料存档。简单的情况现场进行处理，无法解决应尽快通知当地气象主管机构。

8.5 特殊天气现象的观测记录

（1）冰雹的观测与记录

冰雹的观测分为两部分，即冰雹天气现象的观测和最大冰雹直径的测量。冰雹一般出现在强雷暴天气中，因此，在出现强雷暴天气时应特别注意是否有冰雹的出现，对冰雹天气现象要采用描述性文字予以记录，如"冰雹大小不一，最大直径据测量有50毫米，冰雹砸破了雨棚"，并记录观测时间、发生时间。最大冰雹直径是指观测人员所见到的最大冰雹的最大直径，以毫米为单位，取整数。当最大冰雹的最大直径大于10毫米时，应同时测量冰雹的最大平均重量，以克为单位，取整数，其测量方法是挑拣几个最大和较大的冰雹，用秤直接称出重量，除以冰雹数目即得冰雹的最大平均重量。或者将所拣冰雹放入量杯中，待冰雹融化后，算出水的重量，除以冰雹数目就是冰雹的最大平均重量。

如果所在地有冰雹出现，气象信息员应该第一时间观测与记录，并拍摄相关照片和视频上报当地气象部门。

（2）雷电的观测与记录

一般通过耳听、目测，注意雷电发生的方位，可记录大致方向，同时记录第一次闻雷时间为开始时间，最后一次闻雷时间为终止时间。两次闻雷时间相隔15分钟或以内，应连续记载；如两次间隔时间超过15分钟，需另记起止时间。如仅闻一声雷，只记开始时间。方向的记法，按东、东南、南、西南、西、西北、北、东北等八方位记载。以第一次听见雷声的所在方位为开始方向，最后一次听见雷声的所在方位为终止方向。若雷暴经过天顶，则记天顶；若雷暴起止方向之间达到180°或以上时，要按雷暴的行径，在起止方向间加记一个中间方向；当起止方向不明或多方闻雷而不易判别系统时，则不记方向。若雷暴始终在一个方位，只记开始方向。

如果所在地发生雷电灾害，气象信息员应该第一时间观测与记录，并拍摄相关照片和视频上报当地气象部门。

8.6 气象设施（自动气象观测站）的巡查与报告

（1）性能特点

自动气象观测站是高度自动化的仪器，它能够自动探测所在地温、湿度、风向、风速、气压、雨量等气象要素，并通过无线或有线通讯方将资料实时传输到气象部门进行分析，为气象灾害的监测和预报提供依据。一般情况下不需要每天维护，但仍需要进行周期性的维护。周期性维护也是延长自动气象观测站正常运行寿命、保证观测数据质量的重要手段。

（2）维护要求

① 定期巡查，检查自动气象观站的探测设备和外部设施（包括围栏）是否齐全，有无被盗、被损情况，外露线路是否有脱落，风向标和风杯转动是否不正常等，如有以上情况立刻上报当地气象部门。

② 检查自动气象观测站设施清洁程度，如雨量筒内是否有污垢或树叶等杂物堵塞，太阳能电池板是否积满灰尘等，如有以上情况可用手工清除树叶等杂物，用毛刷轻轻刷除设备表面灰尘或用半湿抹布擦除，严禁通过清水冲洗等方式对气象仪器尤其是雨量筒进行清洁。

③ 检查自动气象观测站场址内是否保持有均匀草层，草高一般不能超过20厘米，如超过应及时修剪，注意对草层的养护，不能使其对观测记录造成影响，观测场范围内不得种植影响气象探测环境和设施的作物、树木等。

④ 检查风杆的6根拉索的松紧程度，对于不适当的拉索加以调整；同时特别要注意拉索的基础有无松动现象。

⑤协助气象部门做好自动气象观测站的环境保护和改善工作，巡查时注意观察周围100米内有无新建高大建筑或观测站旁边新种高大树木等情况，如有立刻上报当地气象部门。当自动气象观测站搬迁时，协助气象部门与当地有关部门及人员进行联系和协调。

⑥ 每次对气象设施进行巡查和维护的情况应记录在《气象信息员工作手册》中的气象设施维护巡查记录表中。主要记录巡查维护时间，一般填写月、日；设施所在地，填写设施所在乡镇村名；故障损坏情况，记录发现的故障情况；维护处理情况，记录采取的措施手段，如"清理雨量筒内树叶，除去污垢""将受损情况上报气象部门某部门某人"等。

8.7 气象设施和气象探测环境的保护

《中华人民共和国气象法》第十一条和第十九条规定：任何组织或者个人不得侵占、损毁或者擅自移动气象设施；任何组织和个人都有保护气象探测环境的义务。气象探测环境受国家法律保护。气象观测场周围障碍物不得影响大气探测环境。

气象设施，是指气象探测设施、气象信息专用传输设施和大型气象专用技术装备等。

气象探测环境，是指为避开各种干扰，保证气象探测设施准确获得气象探测信息所必需的最小距离构成的环境空间，具体标准如表8-1所示。

表8-1 影响源与地面气象观测场围栏之间的最小距离

影响源类别 \ 站类	国家基准气候站	国家基本气象站	国家一般气象站
铁路路基	>200米	>200米	>100米
公路路基	>50米	>50米	>30米
人工建造的水体	>100米	>100米	>50米
垃圾场、排污口等其他影响	>500米	>500米	>500米

观测场周围10米范围内不宜有障碍物

国家基准气候站和国家基本气象站在日出方向和日落方向内，障碍物遮挡仰角不大于5°；国家一般气象站在日出方向和日落方向内，障碍物遮挡仰角不大于7°。

障碍物指观测场以外高于观测场地平面1米以上的建筑物、构筑物、树木、作物等物体。

高度距离比指障碍物高出观测场地平面以上部分的高度与高度点在观测场地平面的投影点至观测场围栏最近点之间的距离之比。

遮挡仰角指从观测场围栏距障碍物最近点的地面向该障碍物可见的最高点看去，视线与视线在观测场所在地平面的投影所形成的夹角。

日出方向是所在地夏至日的日出方位和冬至日的日出方位之间所形成的夹角区域。

日落方向是所在地夏至日的日没方位和冬至日的日没方位之间所形成的夹角区域。

影响源指对气象要素代表性或气象仪器测量性能有影响的各类源体。

《气象设施和气象探测环境保护条例》第十条禁止实施下列危害气象设施的行为：①侵占、损毁、擅自移动气象设施或者侵占气象设施用地；②在气象设施周边进行危及气象设施安全的爆破、钻探、采石、挖沙、取土等活动；③挤占、干扰依法设立的气象无线电台（站）、频率；④设置影响大型气象专用技术装备使用功能的干扰源；⑤法律、行政法规和国务院气象主管机构规定的其他危害气象设施的行为。

8.8 气象灾情调查收集上报

8.8.1 气象灾情调查目的

准确、及时、全面掌握气象灾害发生情况，提供有效气象预报警报。准确、及时、主动地为各级地方党委、政府组织防灾减灾提供气象灾害信息，科学部署抗灾、减灾和救灾工作，最大限度地减轻或避免气象灾害造成的人员伤亡和财产损失，维护社会稳定，促进经济社会发展。

8.8.2 气象灾害的类别

气象灾害是指由气象原因直接或间接引起的、给人民群众和社会经济造成损失的灾害现象。气象灾害分为18类，如表8.2所示。

表8.2　气象灾害类别的划分及说明

类别编号	气象灾害类别	具体说明及包含的灾害
01	台风	热带风暴、强热带风暴、台风、强台风、超强台风，此外，热带低压造成的灾害也从此类别上报
02	暴雨洪涝	非台风（但包括台风外围云系影响）降雨灾害，包括暴雨、强降水、洪水、中小河流洪水、山洪、涝灾、融雪性洪水、渍涝、农田积涝、城市内涝
03	干旱	包含春旱、夏旱、秋旱、冬旱、冬春旱、春夏旱、夏秋旱、秋冬旱
04	大风	雷雨大风、飑线均按大风类别填写，但台风、沙尘暴不属于大风灾害
05	龙卷	
06	冰雹	
07	雷电	
08	雪灾	包含暴风雪、暴雪、雪（冰）崩和雪害、积雪、雪淞、吹雪、白灾等
09	低温冷害	零度以上的低温危害，包含春季倒春寒、夏季低温、秋季寒露风、冬季寒害、冷雨、湿雪等
10	冻害	0℃以下的低温危害，包含冰冻、冻雨、冰凌、电线结冰、道路结冰、冰挂、雨凇、雾凇、混合凇、霜冻（含0℃以上情况）等
11	沙尘暴	包含浮尘、扬沙、沙尘暴、强沙尘暴
12	高温热浪	
13	大雾	
14	连阴雨	包含春季连阴雨、华西秋雨等
15	地质灾害	气象条件引发的滑坡、泥石流、崩塌等地质灾害
16	寒潮	
17	森林草原火灾	气象条件引发的森林火灾、草原火灾
18	其他	不属于1~17类的灾害均填写为其他类

8.8.3　气象灾情调查主要内容

（1）基本信息：包括气象灾害发生区域、灾害上报人、联系电话。

（2）灾情信息：包括灾害类别、伴随灾害、灾害开始日期、灾害结束日期、预警发布情况描述、受灾人口、死亡人口、失踪人口、受伤人口、紧急转移安置人口、倒塌房屋数、直接经济损失、农作物受灾面积、农作物成灾面积、农作物绝收面积、农业经济损失、其他具体灾情（除上述影响以外的其他影响描述，包括社会影响、农业影响、畜牧业影响、水利影响、林业影响、渔业影响、交通影响、电力影响、通信影响等方面的灾情）。

（3）附加信息：图片、图片信息说明、视频、视频信息说明、音频、音频信息说明、数据来源、备注。

 8.8.4　气象灾情调查记录

气象灾情调查可以通过实地查看、走访了解，也可以通过走访当地乡镇、村等了解灾情汇总情况，调查到的气象灾害信息应详细进行记录。在实地调查时有条件的可以对灾害现场进行摄影、摄像，并配适当文字说明。调查资料应及时报送当地气象部门，当了解到有重大灾情损失，如有人员伤亡、重大财产损失时应第一时间通知气象部门，并配合气象部门联合开展调查。

 8.8.5　气象灾情收集上报

当出现以下情况时应及时收集辖区内气象灾害的损失情况，并上报当地气象部门。

（1）人员伤亡

当辖区内因气象灾害造成人员伤亡时，应及时汇总上报（单位：人）。上报死亡失踪人数时，要分析致死原因，同时上报姓名、身份证号码、死亡地点详细信息。

（2）房屋倒塌或毁坏

当辖区内因气象灾害造成房屋倒塌时，应及时汇总上报（单位：万间）。上报时应注明房屋倒塌原因，如山洪暴发、洪涝灾害、山体滑坡、大风或冰雪压垮等。

当辖区内出现冰雹或雷雨大风时，应及时上报出现冰雹的起止时间和冰雹直径，汇总上报辖区内房屋毁坏的损失情况。

（3）农作物受灾

当辖区内因气象灾害造成农作物受灾时，应及时汇总上报。上报时应注明农作物受灾原因，如山洪暴发、洪涝灾害、山体滑坡、大风或冰雪压垮等。

上报农作物受灾情况时，应分别上报农作物受灾面积（单位：千公顷；同时应注明占农作物总面积的比例；1公顷约等于15亩，下同）、农作物成灾面积、农作物绝收面积和减收粮食的数量（单位：万吨）。

（4）水产养殖损失

当辖区内因气象灾害造成水产养殖受灾时，应及时汇总上报。上报水产养殖受灾面积（单位：千公顷；同时应注明占水产养殖总面积的比例）和水产养殖损失的数量（单位：万吨）。

（5）工矿企业损失

当辖区内因气象灾害造成工矿企业停产时，应及时汇总上报工矿企业停产情况（单位：个）。

（6）公共设施毁坏

当辖区内因气象灾害造成公共设施毁坏时，应及时汇总上报。如上报铁路中断情况（单位：条）、公路中断情况（单位：条）、输电线路损坏情况（单位：千米）、通信线路损坏情况（单位：千米）。

（7）水利设施损坏

当辖区内因气象灾害造成水利设施受灾时，应及时汇总上报。如上报水库损坏或垮坝情况（单位：座；应注明水库的类型，如小一型、小二型或大中型）、堤坝损坏或决口的处数和长度（处数单位：处；长度单位：千米）、护岸损坏情况（单位：处）、水闸损坏情况（单位：座）、塘坝冲毁情况（单位：座）和灌溉设施损坏情况（单位：处）。

（8）灾害性天气发生

当辖区内出现灾害性天气（台风、暴雨洪涝、干旱、大风、龙卷、冰雹、雷电、雪灾、霜冻、沙尘暴、地质灾害、作物病虫害、森林草原火灾等）时，即使没有出现灾害损失也要及时上报气象情报，内容主要包括灾害性天气种类、灾害性天气发生结束时间、可能造成的影响、现场实况等。

8.9　气象服务效益调查评估

世界气象组织对气象服务效益评估工作和研究非常重视。我国开展气象服务效益评估工作，通过对气象服务效益科学客观的定量分析和评估，能使政府和公众全面和充分地认识气象服务的作用和效益，从而更进一步关心和支持气象事业发展；能够客观真实地了解用户对各类气象服务的满意程度和需求情况，从而使气象部门更有针对性地改进和发展气象服务；通过对影响气象服务效益诸因子的敏感性分析和研究，能够使我们科学准确地了解事业发展的着力点，从而合理调配内部资源和力量，推动气象事业又快又好地发展。

在灾害性天气发生后，气象信息员应及时走访当地重点企业、农业大户以及周围的群众，及时了解气象预警信息在周围企业、群众中的传播程度，针对灾害性天气是否采取了防御措施，以及采取防御措施后是否避免或减少了损失，了解并记录具体采取的措施、减少损失的情况。在重大灾害性天气发生后，应配合当地气象部门开展服务效益的调查收集。

附录 A
福建省气象灾害预警信号及防御指南

A.1 台风预警信号

台风预警信号分四级,分别以蓝色、黄色、橙色和红色表示。
(1)台风蓝色预警信号

图标:

标准:24小时内可能或者已经受热带气旋影响,沿海或者陆地平均风力达6级以上,或者阵风8级以上并可能持续。

防御指南:
① 政府及相关部门按照职责做好防台风准备工作;
② 停止露天集体活动和高空等户外危险作业;
③ 相关水域水上作业和过往船舶及养殖渔排采取积极的应对措施,注意最新的台风预报,做好撤离准备,采取回港避风或者绕道航行等措施;
④ 加固门窗、围板、棚架、广告牌等易被风吹动的搭建物,切断危险的室外电源。

（2）台风黄色预警信号

图标：

标准：24 小时内可能或者已经受热带气旋影响，沿海或者陆地平均风力达 8 级以上，或者阵风 10 级以上并可能持续。

防御指南：

① 政府及相关部门按照职责做好防台风应急准备工作；

② 停止室内外大型集会和高空等户外危险作业；

③ 相关水域水上作业和过往船舶采取积极的应对措施，加固港口设施，防止船舶走锚、搁浅和碰撞；

④ 渔排上人员应安全转移；

⑤ 加固或者拆除易被风吹动的搭建物，人员切勿随意外出，确保老人小孩留在家中最安全的地方，危房人员及时转移。

（3）台风橙色预警信号

图标：

标准：12 小时内可能或者已经受热带气旋影响，沿海或者陆地平均风力达 10 级以上，或者阵风 12 级以上并可能持续。

防御指南：

① 政府及相关部门按照职责做好防台风抢险应急工作；

② 停止室内外大型集会、停课、停业（除特殊行业外）；

③ 相关水域水上作业和过往船舶应当回港避风，加固港口设施，防止船舶走锚、搁浅和碰撞；

④ 加固或者拆除易被风吹动的搭建物，人员应当尽可能待在防风安全的地方，当台风中心经过时风力会减小或者静止一段时间，切记强风将会突然吹袭，应当继续留在安全处避风，危房人员及时转移；

⑤ 相关地区应当注意防范强降水可能引发的山洪、地质灾害。
（4）台风红色预警信号

图标：

标准：6 小时内可能或者已经受热带气旋影响，沿海或者陆地平均风力达 12 级以上，或者阵风达 14 级以上并可能持续。

防御指南：
① 政府及相关部门按照职责做好防台风应急和抢险工作；
② 停止集会、停课、停业（除特殊行业外）；
③ 回港避风的船舶要视情况采取积极措施，妥善安排人员留守或者转移到安全地带；
④ 加固或者拆除易被风吹动的搭建物，人员应当待在防风安全的地方，当台风中心经过时风力会减小或者静止一段时间，切记强风将会突然吹袭，应当继续留在安全处避风，危房人员及时转移；
⑤ 相关地区应当注意防范强降水可能引发的山洪、地质灾害。

A.2　暴雨预警信号

暴雨预警信号分四级，分别以蓝色、黄色、橙色、红色表示。
（1）暴雨蓝色预警信号

图标：

标准：12 小时内降雨量将达 50 毫米以上，或者已达 50 毫米以上且降雨可能持续。

防御指南：

① 政府及相关部门按照职责做好防暴雨准备工作；

② 学校、幼儿园采取适当措施，保证学生和幼儿安全；

③ 驾驶人员应当注意道路积水和交通阻塞，确保安全；

④ 检查城市、农田、鱼塘排水系统，做好排涝准备。

（2）暴雨黄色预警信号

图标：

标准：6小时内降雨量将达50毫米以上，或者已达50毫米以上且降雨可能持续。

防御指南：

① 政府及相关部门按照职责做好防暴雨工作；

② 交通管理部门应当根据路况在强降雨路段采取交通管制措施，在积水路段实行交通引导；

③ 切断低洼地带有危险的室外电源，暂停在空旷地方的户外作业，转移危险地带人员和危房居民到安全场所避雨；

④ 检查城市、农田、鱼塘排水系统，采取必要的排涝措施。

（3）暴雨橙色预警信号

图标：

标准：3小时内降雨量将达50毫米以上，或者已达50毫米以上且降雨可能持续。

防御指南：

① 政府及相关部门按照职责做好防暴雨应急工作；

② 切断有危险的室外电源，暂停户外作业；
③ 处于危险地带的单位应当停课、停业，采取专门措施保护已到校学生、幼儿和其他上班人员的安全；
④ 做好城市、农田的排涝，注意防范可能引发的山洪、滑坡、泥石流等灾害。

（4）暴雨红色预警信号

图标：

标准：3小时内降雨量将达100毫米以上，或者已达100毫米以上且降雨可能持续。

防御指南：
① 政府及相关部门按照职责做好防暴雨应急和抢险工作；
② 处于危险地带的单位应停课、停业，立即转移到安全的地方暂避；
③ 做好山洪、滑坡、泥石流等灾害的防御和抢险工作。

A.3 雪灾预警信号

雪灾预警信号分三级，分别以黄色、橙色、红色表示。

（1）雪灾黄色预警信号

图标：

标准：12小时内可能出现对交通或农业有影响的降雪。

防御指南：
① 政府及有关部门按照职责做好防雪灾和防冻害准备工作；
② 交通、铁路、电力、通信等部门应当进行道路、铁路、线路巡查维

护,做好道路清扫和积雪融化工作;

③行人注意防寒防滑,驾驶人员小心驾驶,车辆应当采取防滑措施;

④农、林、渔和种养殖业要储备饲料,做好防雪灾和防冻害准备;

⑤加固棚架等易被雪压的临时搭建物。

(2)雪灾橙色预警信号

图标:

标准:6小时内可能出现对交通或农业有较大影响的降雪,或者已经出现对交通或农业有较大影响的降雪并可能持续。

防御指南:

①政府及相关部门按照职责落实防雪灾和防冻害措施;

②交通、铁路、电力、通信等部门应当加强道路、铁路、线路巡查维护,做好道路清扫和积雪融化工作;

③行人注意防寒防滑,驾驶人员小心驾驶,车辆应当采取防滑措施;

④农、林、渔和种养殖业要备足饲料,做好防雪灾和防冻害准备;

⑤加固棚架等易被雪压的临时搭建物。

(3)雪灾红色预警信号

图标:

标准:2小时内可能出现对交通或农业有很大影响的降雪,或者已经出现对交通或农业有很大影响的降雪并可能持续。

防御指南:

①政府及相关部门按照职责做好防雪灾和防冻害的应急和抢险工作;

②必要时高速公路暂时封闭;

③ 做好救灾救济工作。

A.4 降温预警信号

降温预警信号分四级，分别以蓝色、黄色、橙色、红色表示。
（1）降温蓝色预警信号

图标：

标准：48 小时内最低气温将要下降 8 ℃以上，最低气温小于等于 5 ℃；或者已经下降 8 ℃以上，最低气温小于等于 5 ℃，降温仍在持续。

防御指南：
① 政府及有关部门按照职责做好防寒准备工作；
② 注意添衣保暖；
③ 对热带作物、水产品采取一定的防护措施；
④ 沿海地区做好防风准备工作。

（2）降温黄色预警信号

图标：

标准：24 小时内最低气温将要下降 10 ℃以上，最低气温小于等于 5 ℃；或者已经下降 10 ℃以上，最低气温小于等于 5 ℃，降温仍在持续。

防御指南：
① 政府及有关部门按照职责做好防寒工作；
② 注意添衣保暖，照顾好老、弱、病人；

③ 对牲畜、家禽和热带、亚热带水果及有关水产品、农作物等采取防寒措施；

④ 沿海地区做好防风工作。

（3）降温橙色预警信号

图标：

标准：24 小时内最低气温将要下降 12 ℃以上，最低气温小于等于 0 ℃；或者已经下降 12 ℃以上，最低气温小于等于 0 ℃，降温仍在持续。

防御指南：

① 政府及有关部门按照职责做好防寒潮应急工作；

② 注意防寒保暖；

③ 农业、水产业、畜牧业等要积极采取防霜冻、冰冻等防寒措施，尽量减少损失；

④ 沿海地区做好防风工作。

（4）降温红色预警信号

图标：

标准：24 小时内最低气温将要下降 16 ℃以上，最低气温小于等于 0 ℃；或者已经下降 16 ℃以上，最低气温小于等于 0 ℃，降温仍在持续。

防御指南：

① 政府及相关部门按照职责做好防寒潮的应急和抢险工作；

② 注意防寒保暖；

③ 农业、水产业、畜牧业等要积极采取防霜冻、冰冻等防寒措施，尽量减少损失；

④ 沿海地区做好防风工作。

A.5 大风预警信号

大风（除台风外）预警信号分三级，分别以黄色、橙色、红色表示。

（1）大风黄色预警信号

图标：

标准：12小时内可能受大风影响，平均风力可达8级以上，或者阵风9级以上；或者已经受大风影响，平均风力为8～9级，或者阵风9～10级并可能持续。

防御指南：

① 政府及相关部门按照职责做好防大风工作；

② 停止露天活动和高空等户外危险作业，危险地带人员和危房居民尽量转到避风场所避风；

③ 相关水域水上作业和过往船舶采取积极的应对措施，加固港口设施，防止船舶走锚、搁浅和碰撞；

④ 渔排上人员应安全转移；

⑤ 切断户外危险电源，妥善安置易受大风影响的室外物品，遮盖建筑物资；

⑥ 机场、高速公路等单位应当采取保障交通安全的措施，有关部门和单位注意森林、草原等防火。

（2）大风橙色预警信号

图标：

标准：6 小时内可能受大风影响，平均风力可达 10 级以上，或者阵风 11 级以上；或者已经受大风影响，平均风力为 10～11 级，或者阵风 11～12 级并可能持续。

防御指南：

① 政府及相关部门按照职责做好防大风应急工作；

② 房屋抗风能力较弱的中小学校和单位应当停课、停业，人员减少外出；

③ 相关水域水上作业和过往船舶应当回港避风，加固港口设施，防止船舶走锚、搁浅和碰撞；

④ 切断危险电源，妥善安置易受大风影响的室外物品，遮盖建筑物资；

⑤ 机场、铁路、高速公路、水上交通等单位应当采取保障交通安全的措施，有关部门和单位注意森林、草原等防火。

（3）大风红色预警信号

图标：

标准：6 小时内可能受大风影响，平均风力可达 12 级以上，或者阵风 13 级以上；或者已经受大风影响，平均风力为 12 级以上，或者阵风 13 级以上并可能持续。

防御指南：

① 政府及相关部门按照职责做好防大风应急和抢险工作；

② 人员应当尽可能停留在防风安全的地方，不要随意外出；

③ 回港避风的船舶要视情况采取积极措施，妥善安排人员留守或者转移到安全地带；

④ 切断危险电源，妥善安置易受大风影响的室外物品，遮盖建筑物资；

⑤ 机场、铁路、高速公路、水上交通等单位应当采取保障交通安全的措施，有关部门和单位注意森林、草原等防火。

A.6 高温预警信号

高温预警信号分二级，分别以橙色、红色表示。
（1）高温橙色预警信号

图标：

标准：24 小时内最高气温将升至 37 ℃以上。
防御指南：
① 有关部门和单位按照职责落实防暑降温保障措施；
② 尽量避免在高温时段进行户外活动，高温条件下作业的人员应当缩短连续工作时间；
③ 对老、弱、病、幼人群提供防暑降温指导，并采取必要的防护措施；
④ 有关部门和单位应当注意防范因用电量过高，以及电线、变压器等电力负载过大而引发的火灾。

（2）高温红色预警信号

图标：

标准：24 小时内最高气温将升至 40 ℃以上。
防御指南：
① 有关部门和单位按照职责采取防暑降温应急措施；
② 停止户外露天作业（除特殊行业外）；
③ 对老、弱、病、幼人群采取保护措施；
④ 有关部门和单位要特别注意防火。

A.7　干旱预警信号

　　干旱预警信号分二级，分别以橙色、红色表示。干旱指标等级划分，以国家标准《气象干旱等级》（GB/T20481-2006）中的综合气象干旱指数为标准。

　　（1）干旱橙色预警信号

　　图标：

　　标准：预计未来一周综合气象干旱指数达到重旱（气象干旱为25～50年一遇），或者某一县（区）有40%以上的农作物受旱。

　　防御指南：

　　①有关部门和单位按照职责做好防御干旱的应急工作；

　　②有关部门启用应急备用水源，调度辖区内一切可用水源，优先保障城乡居民生活用水和牲畜饮水；

　　③压减城镇供水指标，优先经济作物灌溉用水，限制大量农业灌溉用水；

　　④限制非生产性高耗水及服务业用水，限制排放工业污水；

　　⑤气象部门适时进行人工增雨作业。

　　（2）干旱红色预警信号

　　图标：

　　标准：预计未来一周综合气象干旱指数达到特旱（气象干旱为50年以上一遇），或者某一县（区）有60%以上的农作物受旱。

防御指南：

① 有关部门和单位按照职责做好防御干旱的应急和救灾工作；

② 各级政府和有关部门启动远距离调水等应急供水方案，采取提外水、打深井、车载送水等多种手段，确保城乡居民生活用水和牲畜饮水；

③ 限时或者限量供应城镇居民生活用水，缩小或者阶段性停止农业灌溉供水；

④ 严禁非生产性高耗水及服务业用水，暂停排放工业污水；

⑤ 气象部门适时加大人工增雨作业力度。

A.8　雷电预警信号

雷电预警信号分三级，分别以黄色、橙色、红色表示。

（1）雷电黄色预警信号

图标：

标准：6小时内可能发生雷电活动，可能会造成雷电灾害事故并伴有6～8级雷雨大风。

防御指南：

① 政府及相关部门按照职责做好防雷防风工作；

② 密切关注天气，尽量避免户外活动；

③ 把门窗、围板、棚架、临时搭建物等易被风吹动的搭建物固紧，人员应当尽快离开临时搭建物，妥善安置易受雷雨大风影响的室外物品。

（2）雷电橙色预警信号

图标：

标准：2小时内发生雷电活动并伴有6～8级雷雨大风的可能性很大，

或者已经受雷电活动和雷雨大风影响，且可能持续，出现雷电和大风灾害事故的可能性比较大。

防御指南：

①政府及相关部门按照职责落实防雷防风应急措施；

②人员应当留在室内，并关好门窗；

③户外人员应当躲入有防雷设施的建筑物或者汽车内；

④切断危险电源，不要在树下、电杆下、塔吊下避雨；

⑤在空旷场地不要打伞，不要把农具、羽毛球拍、高尔夫球杆等扛在肩上。

（3）雷电红色预警信号

图标：

标准：2小时内发生雷电活动并伴有8～10级以上雷雨大风的可能性非常大，或者已经有强烈的雷电活动和雷雨大风发生，且可能持续，出现雷电灾害事故和雷雨大风的可能性非常大。

防御指南：

①政府及相关部门按照职责做好防雷防风应急抢险工作；

②人员应当尽量躲入有防雷设施的建筑物或者汽车内，并关好门窗；

③切勿接触天线、水管、铁丝网、金属门窗、建筑物外墙，远离电线等带电设备和其他类似金属装置；

④尽量不要使用无防雷装置或者防雷装置不完备的电视、电话等电器；

⑤密切注意雷电预警信息的发布。

A.9 冰雹预警信号

冰雹预警信号分二级，分别以橙色、红色表示。

（1）冰雹橙色预警信号

图标：

标准：6小时内可能出现冰雹天气，并可能造成雹灾。

防御指南：

① 政府及相关部门按照职责做好防冰雹的应急工作；

② 气象部门做好人工防雹作业准备并择机进行作业；

③ 户外行人立即到安全的地方暂避；

④ 驱赶家禽、牲畜进入有顶篷的场所，妥善保护易受冰雹袭击的汽车等室外物品或者设备；

⑤ 注意防御冰雹天气伴随的雷电灾害。

（2）冰雹红色预警信号

图标：

标准：2小时内出现冰雹的可能性极大，并可能造成重雹灾。

防御指南：

① 政府及相关部门按照职责做好防冰雹的应急和抢险工作；

② 气象部门适时开展人工防雹作业；

③ 户外行人立即到安全的地方暂避；

④ 驱赶家禽、牲畜进入有顶篷的场所，妥善保护易受冰雹袭击的汽车等室外物品或者设备；

⑤ 注意防御冰雹天气伴随的雷电灾害。

A.10 霜冻预警信号

霜冻预警信号分三级，分别以蓝色、黄色、橙色表示。

（1）霜冻蓝色预警信号

图标：

标准：24小时内最低气温将要下降到 4 ℃以下，并对农业产生影响；或者已经降到 4 ℃以下，对农业已经产生影响，并可能持续。

防御指南：

① 政府及农林渔业主管部门按照职责做好防霜冻准备工作；

② 对农作物、蔬菜、花卉、瓜果、水产养殖、林业育种要采取一定的防护措施；

③ 农村基层组织和农户要关注当地霜冻预警信息，以便采取措施加强防护。

（2）霜冻黄色预警信号

图标：

标准：24小时内最低气温将要下降到 0 ℃以下，并对农业产生严重影响；或者已经降到 0 ℃以下，对农业已经产生严重影响，并可能持续。

防御指南：

① 政府及农林渔业主管部门按照职责做好防霜冻应急工作；

② 农村基层组织要广泛发动群众，防灾抗灾；

③ 对农作物、水产养殖、林业育种要积极采取田间灌溉等防霜冻、冰冻措施，尽量减少损失；

④ 对蔬菜、花卉、瓜果要采取覆盖、喷洒防冻液等措施，减轻冻害。

（3）霜冻橙色预警信号

图标：

标准：24 小时内最低气温将要下降到零下 3 ℃以下，对农业将产生严重影响；或者已经降到零下 3 ℃以下，对农业已经产生严重影响，并将持续。

防御指南：

① 政府及农林渔业主管部门按照职责做好防霜冻应急工作；

② 农村基层组织要广泛发动群众，防灾抗灾；

③ 对农作物、蔬菜、花卉、瓜果、水产养殖、林业育种要采取积极的应对措施，尽量减少损失。

A.11 大雾预警信号

大雾预警信号分三级，分别以黄色、橙色、红色表示。

（1）大雾黄色预警信号

图标：

标准：12 小时内可能出现能见度小于 500 米的雾，或者已经出现能见度小于 500 米、大于等于 200 米的雾并将持续。

防御指南：

① 有关部门和单位按照职责做好防雾准备工作；

② 机场、高速公路、轮渡码头等单位加强交通管理，保障安全；

③驾驶人员注意雾的变化，小心驾驶；

④户外活动注意安全。

（2）大雾橙色预警信号

图标：

标准：6小时内可能出现能见度小于200米的雾，或者已经出现能见度小于200米、大于等于50米的雾并将持续。

防御指南：

①有关部门和单位按照职责做好防雾工作；

②机场、高速公路、轮渡码头等单位加强调度指挥；

③驾驶人员必须严格控制车、船的行进速度；

④减少户外活动。

（3）大雾红色预警信号

图标：

标准：2小时内可能出现能见度小于50米的雾，或者已经出现能见度小于50米的雾并将持续。

防御指南：

①有关部门和单位按照职责做好防雾应急工作；

②有关单位按照行业规定适时采取交通安全管制措施，如机场暂停飞机起降，高速公路暂时封闭，轮渡暂时停航等；

③驾驶人员根据雾天行驶规定，采取雾天预防措施，根据环境条件采取合理行驶方式，并尽快寻找安全停放区域停靠；

④不要进行户外活动。

A.12　霾预警信号

霾预警信号分二级，分别以黄色、橙色表示。

（1）霾黄色预警信号

图标：

标准：12小时内可能出现能见度小于3000米的霾，或者已经出现能见度小于3000米的霾且可能持续。

防御指南：

① 驾驶人员小心驾驶；

② 因空气质量明显降低，人员需适当防护；

③ 呼吸道疾病患者尽量减少外出，外出时可戴上口罩。

（2）霾橙色预警信号

图标：

标准：6小时内可能出现能见度小于2000米的霾，或者已经出现能见度小于2000米的霾且可能持续。

防御指南：

① 机场、高速公路、轮渡码头等单位加强交通管理，保障安全；

② 驾驶人员谨慎驾驶；

③ 空气质量差，人员需适当防护；

④ 人员减少户外活动，呼吸道疾病患者尽量避免外出，外出时可戴上口罩。

A.13　道路结冰预警信号

道路结冰预警信号分三级,分别以黄色、橙色、红色表示。

(1) 道路结冰黄色预警信号

图标：

标准：当路表温度低于 0 ℃,出现降水,12 小时内可能出现对交通有影响的道路结冰。

防御指南：

① 交通、公安等部门要按照职责做好道路结冰应对准备工作；

② 驾驶人员应当注意路况,安全行驶；

③ 行人外出尽量少骑自行车,注意防滑。

(2) 道路结冰橙色预警信号

图标：

标准：当路表温度低于 0 ℃,出现降水,6 小时内可能出现对交通有较大影响的道路结冰。

防御指南：

① 交通、公安等部门要按照职责做好道路结冰应急工作；

② 驾驶人员必须采取防滑措施,听从指挥,慢速行驶；

③ 行人出门注意防滑。

(3) 道路结冰红色预警信号

图标:

标准:当路表温度低于 0 ℃,出现降水,2 小时内可能出现或者已经出现对交通有很大影响的道路结冰。

防御指南:

① 交通、公安等部门做好道路结冰应急和抢险工作;

② 交通、公安等部门注意指挥和疏导行驶车辆,必要时关闭结冰道路交通;

③ 人员尽量减少外出。

附录 B
仙游县气象灾害应急预案

B.1 总则

B.1.1 编制目的

建立健全气象灾害应急响应机制,提高气象灾害防范、处置能力,最大限度地减轻或者避免气象灾害造成人员伤亡、财产损失,为经济和社会发展提供保障。

B.1.2 编制依据

依据《中华人民共和国突发事件应对法》《中华人民共和国气象法》《中华人民共和国防洪法》《气象灾害防御条例》《人工影响天气管理条例》《中华人民共和国防汛条例》《中华人民共和国抗旱条例》《国家气象灾害应急预案》《福建省气象条例》《仙游县人民政府突发公共事件总体应急预案》等法律法规和规范性文件,结合仙游县实际,制定本预案。

B.1.3 适用范围

本预案适用于仙游县范围内台风、暴雨、强对流天气(雷电、冰雹、雷雨大风)、海上大风、低温(霜冻)、干旱、高温、大雾、霾等气象灾害事件的防范和应对。

因气象因素引发水旱灾害、地质灾害、海洋灾害、森林火灾、道路结冰等其他灾害的处置，适用有关应急预案的规定。

B.1.4 工作原则

以人为本、减少危害。把保障人民群众的生命财产安全作为首要任务和应急处置工作的出发点，全面加强应对气象灾害的体系建设，最大程度减少灾害损失。

预防为主、科学高效。实行工程性和非工程性措施相结合，提高气象灾害的监测预警能力和防御标准。充分利用现代科技手段，做好各项应急准备，提高应急处置能力。

依法规范、协调有序。依照法律法规和相关职责，做好气象灾害的防范应对工作。加强各乡镇（管委会、办事处）、各部门的信息沟通，做到资源共享，并建立协调配合机制，使气象灾害应对工作更加规范有序、运转协调。

军地协同、信息共享。完善气象灾害信息军地共享机制，双方及时相互通报重大气象灾害信息，确保军地双方及时掌握气象灾害预测预警、防灾避险等方面重要信息。

分级管理、属地为主。根据灾害造成或可能造成的危害和影响程度，对气象灾害应对工作实施分级管理。县人民政府统一指挥，各乡镇人民政府（街道办事处）、县直有关部门负责本辖区气象灾害的应急处置工作。

B.2 组织体系

B.2.1 应急指挥机制

当本县行政区域内发生（或将发生）大范围的气象灾害，并造成较大危害时，在省、市政府有关部门指导下，由县人民政府决定启动相应的应急指挥机制，组织做好各类灾害应对工作。统一领导和指挥气象灾害及其次生、衍生灾害的应急处置工作。

——台风、暴雨、干旱引发江河洪水、山洪灾害、台风灾害、干旱灾害等水旱灾害，由县人民政府防汛抗旱指挥部负责指挥应急处置工作。

——低温（霜冻）灾害，严重影响交通、电力、能源等正常运行的，由县经贸局应急工作领导小组启动煤电油运综合协调应急预案；严重影响通信、重要工业品保障、农牧业生产、城市运行等方面的，由相关职能部门负责协调处置工作。

——海上大风灾害的防范和救助工作由县交通运输局、农业局、公安边防等成员单位按照职能分工负责。

——气象灾害受灾群众生活救助工作，按照《仙游县自然灾害救助应急预案》相关规定组织实施。

——强对流天气（雷电、冰雹、雷雨大风）、低温（霜冻）、高温、大雾、霾等灾害由发生地乡镇人民政府（街道办事处）启动相应的应急指挥机制或建立应急指挥机制负责处置工作，县直有关部门进行指导。

 B.2.2　乡镇（办事处）政府应急指挥机制

对上述各种灾害，各乡镇人民政府（街道办事处）要先期启动相应的应急指挥机制或建立应急指挥机制，启动相应级别的应急响应，组织做好应对工作。县政府有关部门进行指导。

 B.2.3　气象灾害应急联络员制度

县委宣传部、县政府办公室、县委农办、县武装部、县发展改革局、县教育局、县经贸局、县公安局、县民政局、县财政局、县国土资源局、县环境保护局、县住房和城乡建设局、县交通运输局、县农业局、县水务局、县气象局、县林业局、县卫生局、县供电有限公司、县安监局、县旅游局、县广播电视台、县效能办等为气象灾害应急联络成员单位。

气象灾害应急联络员由各成员单位确定，县气象局在上级气象部门的指导下，负责联络员的日常联络。不定期召开联络员会议，通报气象灾害应急服务工作情况，听取各成员单位对气象灾害预警预报服务的需求、气象灾害影响评估和气象服务经济效益评估，研讨气象灾害防御工作，编发气象灾害应急工作简报。

根据实际需要从气象灾害应急联络成员单位中聘请有关专家组成应急专家组，为应急管理和处置提供决策建议。

各乡镇人民政府（街道办事处）参照建立气象灾害应急联络员制度。

B.3 监测预警

B.3.1 监测预报

（1）综合监测

县直有关部门要按照职责分工加强新一代天气雷达与气象移动观测系统、水文监测预报等建设，优化加密观测站网，完善气象、水文监测网络，提高对气象灾害及其次生、衍生灾害的综合监测能力。

（2）预报预测

气象部门要建立和完善气象灾害预报预警体系，加强对灾害性天气事件的会商分析，加强与毗邻地区气象部门的天气联防，做好灾害性、关键性、转折性天气的预报和趋势预测，提高重大气象灾害天气预报预警的及时性和准确性。

（3）信息共享

气象部门及时发布气象灾害监测预警信息，并与公安、民政、国土资源、环保、交通运输、住建、农业、林业、水利、教育、卫生、安全监管、旅游、供电等相关部门建立相应的气象灾害及其次生、衍生灾害监测预报预警联动机制，以及与驻仙部队建立气象灾害信息共享机制，以专报等多种形式将气象灾害信息及时通报各相关部门，实现相关预警、灾情、险情等信息的实时共享。

（4）灾害普查

在县人民政府统一组织下，建立以社区、村镇为基础的气象灾害调查收集网络，县政府应急办组织气象等部门开展气象灾害普查、风险评估和风险区划工作，编制气象灾害防御规划，为政府和有关部门防灾决策提供科学依据。

B.3.2 预警信息发布

（1）发布制度

气象灾害预警信息发布遵循"归口管理、统一发布、快速传播"原则。气象灾害预警信息由气象部门负责制作并按预警级别分级发布，其他任何组织、个人不得制作和向社会发布气象灾害预警信息。

（2）发布内容

气象部门根据对各类气象灾害的发展态势，综合评估分析确定预警级别。预警级别分为Ⅰ级(特别重大)、Ⅱ级(重大)、Ⅲ级(较大)、Ⅳ级(一般)，分别用红、橙、黄、蓝四种颜色标示，红色为最高级别。具体分级标准见附则。

气象灾害预警信息内容包括气象灾害的类别、预警级别、起始时间、可能影响范围、警示事项、应采取的措施和发布机关等。

（3）发布途径

依托广播、电视、报刊、互联网、手机短信、电子显示屏、大喇叭等传播手段，及时向社会公众发布气象灾害预警信息，涉及可能引发次生、衍生灾害的预警信息，气象部门要及时向相关部门通报和向社会发布。

各乡镇人民政府（街道办事处）及有关部门要在学校、港口、车站、旅游景点等人员密集公共场所，高速公路、国道、省道、铁路等重要交通线路和易受气象灾害影响的桥梁、隧道、急弯、陡坡等重点路段，以及农林牧渔区等建立起畅通、有效的预警信息发布与传播渠道，扩大预警信息覆盖面。对老、幼、病、残、孕等特殊人群以及学校等特殊场所和警报盲区应当采取有针对性的公告方式。

气象部门组织实施人工影响天气作业前，根据具体情况提前发布作业公告。

B.3.3 预警预防准备

（1）各乡镇人民政府（街道办事处）和相关部门、企事业单位要认真研究气象灾害预报预警信息，密切关注天气变化及灾害发展趋势，积极采取措施防御，避免或减少气象灾害造成损失。

（2）各相关部门收到气象部门发布气象灾害预警时，应按照各自职责，启动相应的气象灾害应急防御、救援、保障等行动，有关责任人员应立即上岗到位，分析、评估气象灾害可能对本地区、本部门造成的影响和危害，有针对性地采取防控措施，落实抢险队伍和物资，做好应对准备工作。

 B.4 应急处置

 B.4.1 信息报告

有关部门按职责收集和提供气象灾害发生、发展以及损失与防御等情况，应当及时向县人民政府或相应的应急指挥机构报告。各乡镇人民政府（街道办事处）、县直各部门要按照有关规定逐级向上报告。特别重大、重大突发事件信息，要及时向县人民政府报告。

 B.4.2 响应启动

气象灾害应急响应等级分为四级：Ⅰ级（特别重大）、Ⅱ级（重大）、Ⅲ级（较大）、Ⅳ级（一般），分别用红、橙、黄、蓝四种颜色标示，Ⅰ级为最高级别，具体分级标准见附则。

气象灾害预警级别是研判启动应急响应的重要依据之一，具体应急响应级别应当根据实际情况确定。有关应急指挥机构和部门在气象部门发布的气象灾害预警级别的基础上，针对气象灾害造成或可能造成的危害程度和范围，及其引发的或可能引发的次生、衍生灾害类别，在综合评估基础上按照职责和预案及时启动相应级别的应急响应。

B.4.3 分灾种响应

当启动应急响应后,各有关部门和单位要加强应急值守,密切监视灾情,针对不同气象灾害种类及其影响程度,采取应急响应措施和行动。新闻媒体按要求随时播报气象灾害预警信息及应急处置相关措施,正确引导社会舆论。

(1)台风、暴雨

由台风、暴雨造成的气象灾害,按照《仙游县防洪防台风应急预案》执行。由气象灾害引发的地质灾害,按照《仙游县突发地质灾害应急预案》执行。

(2)强对流天气(雷电、冰雹、雷雨大风)

气象部门加强监测预报,及时发布雷电、冰雹、雷雨大风预警及相关防御指引,适时加大气象短时临近预报时段密度,根据需求组织人工防雹作业。雷电灾害发生后,有关专家及时赶赴现场,做好调查评估和成因鉴定,并为处置灾害提供技术指导。冰雹、雷雨大风灾害发生后,按有关部门的需求,及时提供气象应急保障服务。

各部门根据强对流天气(雷电、冰雹、雷雨大风)预警信息,停止集体露天活动,加强防范。可能发生或灾害发生后,各部门按其职责启动相应应急响应,迅速组织救援和灾后恢复工作。

(3)海上大风

气象部门负责加强监测预报,及时发布海上大风预警及相关防御指引,适时加大预报时段密度。

交通运输部门督促所辖运营单位暂停运营、妥善安置滞留旅客。

农业部门根据预警通知,适时指导督促渔船就近进港避风,加强渔港内避风渔船监管,防止船只走锚造成碰撞和搁浅,指导水产养殖户采取防风措施,减轻灾害损失。

(4)低温(霜冻)

气象部门加强监测预警,及时发布降温和霜冻预警及相关防御指引,适时加大预报时段密度。

公安部门加强交通秩序维护，注意指挥、疏导行驶车辆；必要时，关闭易发生交通事故的结冰路段。

供电部门注意电力调配及相关措施落实，加强电力设备巡查、养护，及时排查电力故障；做好电力设施设备覆冰应急处置工作。

交通运输部门督促相关道路运输企业严把源头关，及时采取车辆防冻防滑措施，提醒做好车辆防冻措施；公路管理部门提醒高速公路、高架道路车辆减速慢行。

住房城乡建设、水利等部门做好供水系统等防冻措施。

卫生部门加强低温相关疾病防御知识健康教育，采取措施保障医疗卫生服务正常开展，并组织做好伤病员医疗救治和卫生防病工作。

民政部门负责紧急转移受灾群众安置工作，并为受灾群众和公路、铁路等因灾滞留人员提供基本生活救助。

农业、林业等部门组织对农作物、苗木、牲畜、水产养殖等采取必要的防护措施。

（5）干旱

气象部门加强监测预报，及时发布干旱预警及相关防御指引，适时加大预报时段密度，根据干旱影响程度，进行综合分析评估，适时组织人工增雨作业，减轻干旱影响。

农业部门指导农牧户采取管理和技术措施，减轻干旱影响。

林业部门指导林业生产单位采取管理和技术措施，减轻干旱影响；加强监控，做好森林火灾预防和扑救准备工作。

水利部门加强旱情、墒情监测分析，合理调度水源，组织实施抗旱减灾等方面的工作。

卫生部门负责防范和应对旱灾所引发的突发公共卫生事件。

民政部门采取应急措施，做好救灾物资准备，并负责因旱缺水缺粮群众的基本生活救助。

（6）高温

气象部门加强监测预报，及时发布高温预警及相关防御指引，进行综合分析和评估，提出高温影响的防御建议。

供电部门加强高温期间的电力调配及相关措施落实，保证居民和重要电力用户用电，根据高温期间电力安全生产情况和电力供需情况，制订电力迎峰度夏预案，必要时依据预案执行拉闸限电措施，加强电力设备巡查、养护，及时排查电力故障。

住房城乡建设部门做好建筑施工现场和环卫等高温作业人员的防暑工作，必要时调整作息时间。

公安部门做好交通安全管理，提醒车辆减速，防止因高温产生爆胎等事故。

卫生部门组织做好高温中暑事件伤病员的医疗救治工作。

农业、林业等部门指导农业生产采取措施预防或减轻高温对农、林、畜牧、水产养殖业的影响。

（7）大雾、霾

气象部门加强监测预报，及时发布大雾、霾预警及相关防御指引，适时加大预报时段密度，根据大雾、霾的影响程度，进行综合分析和评估。

公安部门加强对车辆的指挥和疏导，维持道路交通秩序。

交通运输部门组织开展交通滞留的加密监测，及时发布道路交通运输信息，加强内河船舶航行安全监管。

环境保护部门加强对霾发生时大气环境质量状况监测，为灾害应急提供服务。

供电部门加强电网运营监控，采取措施尽量避免发生设备污闪故障，及时消除和减轻因设备污闪造成的影响。

（8）其他部门根据以上气象灾害种类及影响程度，按照各自职责采取相应应急处置措施。

B.4.4 现场处置

（1）重大或特别重大气象灾害应急响应启动后，各乡镇人民政府（街道办事处）、县直各有关单位要24小时值班，保证通信畅通，有关人员及时到达预定岗位。

（2）气象灾害现场应急处置由灾害发生地的乡镇人民政府（街道办事

处）或相应应急指挥机构统一组织，各部门依职责参与应急处置工作，全力防止事态扩大，尽力减轻气象灾害损失。包括有序疏散人员、组织搜寻营救、自救互救、伤员救治、疏散撤离和妥善安置受到威胁的人员，及时上报灾情和人员伤亡情况，分配救援任务，协调各级各类救援队伍的行动，查明并及时组织力量消除次生、衍生灾害和隐患，对重点地区、重点人群、重要物资和设备进行保护。组织公共设施的抢修和援助物资的接收与分配。

B.4.5 社会力量动员与参与

（1）气象灾害事发地的人民政府（街道办事处）或应急指挥机构可根据气象灾害事件的性质、危害程度和范围，广泛调动社会力量积极参与气象灾害突发事件的处置，紧急情况下可依法征用、调用车辆、物资、人员等。

（2）气象灾害事件发生后，受灾地区的乡镇人民政府（街道办事处）或相应应急指挥机构应组织各方面力量抢救人员，组织基层单位和人员开展自救和互救；邻近乡镇人民政府（街道办事处）根据灾情组织和动员社会力量，对灾区提供救助。

B.4.6 信息公布

（1）信息公布形式主要包括权威发布、提供新闻稿、组织报道、接受记者采访、举行新闻发布会等。

（2）气象部门要按照有关规定建立新闻发言人制度。及时、准确、客观、全面地向社会公布气象灾害种类及其次生、衍生灾害监测、预警等情况。因灾伤亡人员、经济损失等情况公布由负责处置的应急指挥机构或县政府新闻办按规定发布。

（3）广播、电视、报纸、网络等新闻媒体，要及时更新和滚动播发气象部门提供的气象灾害预警信息，并及时报道气象灾害应急机构统一发布的应急响应情况。

B.4.7 应急响应解除与终止

按照"谁启动、谁负责"的原则,经评估,气象灾害影响短期内不再扩大或已减轻或已结束,发布预警信息部门应及时发布灾害预警降低或解除灾害预警信息;启动应急响应的机构或部门应及时降低应急响应级别或终止应急响应。

B.5 恢复与重建

B.5.1 制订规划和组织实施

受灾地区乡镇人民政府(街道办事处)和县直有关部门,在气象灾害应急响应行动结束后,应当根据实际灾情和需要,继续保持或者采取必要的措施巩固应急处置工作的成果,防止发生次生、衍生灾害;要按照"政府主导,分级管理,社会互助,生产自救"的救灾工作方针,制订恢复重建目标、政策、进度、资金支持、优惠政策和检查落实等工作方案,及时组织有关部门采取行动与措施,尽快修复被破坏的学校、医院等公益设施及交通、水利、通信、供水、排水、供电、供气等基础设施,迅速开展医疗救治、灾后疾病预防和疫情监测,进行现场消杀处理,及时调拨救灾资金和物资,提供生活必需品等工作;使受灾地区的生产、工作、生活和社会秩序尽快恢复到正常状态,维护社会安定稳定。

发生特别重大灾害,超出事发地乡镇人民政府(街道办事处)恢复重建能力的,为支持和帮助受灾地区积极开展生产自救、重建家园,县政府根据上级精神制定恢复重建规划,出台相关扶持优惠政策,县财政给予支持。同时,依据支援方经济能力和受援方灾害程度,建立对口支援机制,为受灾地区提供人力、物力、财力、智力等各种形式的支援。积极鼓励和引导社会各方面力量参与灾后恢复重建工作。

B.5.2 调查评估

灾害发生地乡镇人民政府(街道办事处)或应急指挥机构应当组织有

关部门对气象灾害造成的损失及气象灾害的起因、性质、影响等问题进行调查、评估与总结，分析气象灾害应对处置工作经验教训，提出改进措施。灾情核定由县民政部门会同有关部门开展。灾害结束后，灾害发生地乡镇人民政府（街道办事处）或应急指挥机构应将调查评估结果与应急工作情况报送县人民政府。

B.5.3 征用补偿

气象灾害应急工作结束后，各乡镇人民政府（街道办事处）应及时归还因救灾需要临时征用的房屋、运输工具、通信设备等；造成损坏或无法归还的，应按有关规定采取适当方式给予补偿或做其他处理。

B.5.4 灾害保险

鼓励公民积极参加气象灾害事故保险和政策性农业保险。保险机构应当根据灾情，主动办理受灾人员和财产的保险理赔事项。保险监管机构依法做好灾区有关保险理赔和给付的监管。

B.6 应急保障

各部门应按照职责分工和相关预案规定，切实做好应对气象灾害的各项应急保障工作。

B.6.1 通信保障

建立以公用通信网为主体，跨部门、跨地区，有线和无线，地面和卫星等多种方式相结合的气象灾害应急通信保障系统。通信、广播电视部门应及时采取措施恢复遭破坏的通信线路和设施，确保灾区通信畅通。

B.6.2 供电保障

供电部门要优先保障气象部门以及气象灾害应急处理部门的工作用电。

气象部门要加强双回路电源和自备应急电源的建设,各气象监测站点要建立应急备用电源保障系统。

 B.6.3 交通运输保障

公安部门要保障道路交通安全畅通;交通运输、铁路部门应当及时制订抢险救灾、灾区群众安全转移所需车辆、火车、船舶的调配方案,确保人员和物资的运输畅通。

 B.6.4 人力保障

县直有关部门要根据气象灾害事件影响程度,适时动员社会团体、企事业单位、志愿者等各种社会力量参与应急救援工作。

 B.6.5 医疗卫生保障

卫生部门根据需要及时开展医疗救治与疾病控制、卫生监督,必要时参与现场卫生应急救援工作。

 B.6.6 物资保障

各级乡镇人民政府(街道办事处)及县直有关部门按照职责分工,建立和完善气象灾害应急物资储备保障制度,以及重要应急物资的采购、储备、调拨、配送和监管体系。属于气象灾害易发、多发地区的,应当建立应急救援物资、生活必需品和应急处置装备的储备制度。

 B.6.7 基本生活保障

民政部门加强生活类救灾物资储备,完善应急采购、调运机制,保障好受灾群众的基本生活。

 B.6.8 农业生产保障

农业部门做好救灾备荒种子储备、调运工作,会同相关部门做好农业救灾物资、生产资料的储备、调剂和调运工作。各乡镇人民政府(街道办事处）及防灾减灾有关部门应按规范储备重大气象灾害抢险物资，并做好生产流程和生产能力储备的有关工作。

B.6.9 经费保障

按照现行事权、财权划分和分级负担原则，各乡镇人民政府（街道办事处）应当根据气象灾害应急工作的需要安排专项资金，为气象灾害应急处置提供经费保障。财政、审计部门应当加强对气象灾害应急专项资金使用情况的监督检查，确保专款专用。

B.6.10 技术储备

气象部门应当开展气象灾害监测、预报、预警、应急处置和综合防灾减灾的技术研究，做好气象灾害应急技术储备。

B.6.11 预警与应急知识宣传教育

各乡镇人民政府（街道办事处）和县直有关部门应做好气象灾害预警信息和应急知识的宣传教育工作，普及防灾减灾知识，增强社会公众的防灾避险意识，提高自救、互救能力。

气象部门应根据本地气象灾害特点等，不定期组织开展气象灾害预警信息和气象应急知识宣传。

B.7 奖励与责任追究

B.7.1 奖励

对在气象灾害防灾、减灾、救灾工作中做出突出贡献的单位和个人，按照有关规定，由县、乡镇人民政府（街道办事处）统一给予表彰和奖励。对因参与气象灾害应急工作致病、致残、牺牲的人员，按照有关规定，给予相应的补助和抚恤。对在气象灾害应急处置工作中表现突出而英勇献身的人员，按有关规定追认烈士。

B.7.2 责任追究

在气象灾害应急处置工作中玩忽职守造成损失的，依照《中华人民共和国突发事件应对法》等相关法律法规追究责任单位和当事人的责任，构成犯罪的，依法追究刑事责任。

B.8 预案管理

本预案由仙游县气象局负责解释。

预案实施后，随着应急处置相关法律法规的制定、修改和完善，部门职责或应急工作发生变化，或者应急过程中发现存在问题和出现新情况，由县人民政府办公室适时组织有关部门和专家进行评估，及时修订完善本预案。

本预案自印发之日起实施。

B.9 附则

B.9.1 气象灾害预警标准

（1）台风预警

①红色（Ⅰ级）预警：预计在未来24小时内热带气旋（强度为强台风及以上的）将影响或登陆我县，沿海将出现14级以上大风或阵风。

②橙色（Ⅱ级）预警：预计在未来24小时内热带气旋（强度为强热带风暴及以上）将影响或登陆我县，沿海将出现12级以上大风或阵风。

③黄色（Ⅲ级）预警：预计在未来48小时内热带气旋将影响或登陆我县，沿海将出现10级以上大风或阵风。

④蓝色（Ⅳ级）预警：预计在未来72小时内热带气旋将影响我县，沿海将出现8级以上大风或阵风。

（2）暴雨预警

① 红色（Ⅰ级）预警：过去48小时有1/3乡镇雨量超过200毫米，且上述地区有日雨量超过250毫米的降雨，预计未来24小时上述地区仍将出现100毫米以上降雨。

② 橙色（Ⅱ级）预警：过去48小时有1/3乡镇雨量超过100毫米，且上述地区有日雨量超过100毫米的降雨，预计未来24小时上述地区仍将出现50毫米以上降雨；或者预计未来24小时其他区域将出现200毫米以上降雨。

③ 黄色（Ⅲ级）预警：过去24小时有1/2乡镇出现50毫米以上降雨，且预计未来24小时上述地区仍将出现50毫米以上降雨；或者预计未来24小时其他区域将出现100毫米以上降雨。

④ 蓝色（Ⅳ级）预警：预计未来24小时有1/2乡镇将出现50毫米以上降雨。

（3）强对流天气（雷电、冰雹、雷雨大风）预警

蓝色（Ⅳ级）预警：预计未来24小时将出现强雷电、雷雨大风或冰雹天气，或者已经出现并可能持续。

（4）海上大风（除台风外）预警

① 橙色（Ⅱ级）预警：预计未来48小时全县将出现平均风力10级以上大风，或者阵风11级以上。

② 黄色（Ⅲ级）预警：预计未来48小时全县将出现平均风力8级及以上大风，或者阵风9级及以上。

③ 蓝色（Ⅳ级）预警：预计未来48小时全县将出现平均风力7级及以上风，或者阵风8级及以上。

（5）低温（霜冻）预警

① 橙色（Ⅱ级）预警：预计未来24小时有1/2以上乡镇24小时内最低气温将要下降到零下3℃以下，或者已经降到零下3℃以下，并可能持续。

② 黄色（Ⅲ级）预警：预计未来24小时有1/2以上乡镇最低气温将要下降到0℃以下，或者已经降到0℃以下，并将持续。

③ 蓝色（Ⅳ级）预警：预计未来24小时有1/2以上乡镇最低气温将

要下降到 2 ℃以下，或者已经降到 2 ℃以下，并可能持续。

（6）干旱预警

① 红色（Ⅰ级）预警：全县出现气象干旱特旱等级；且预计干旱天气或干旱范围进一步发展。

② 橙色（Ⅱ级）预警：全县有至少 4 个乡镇出现气象干旱特旱等级；且预计干旱天气或干旱范围进一步发展。

③ 黄色（Ⅲ级）预警：全县有至少 3 个乡镇出现气象干旱特旱等级；或者全县达到气象干旱大旱以上等级，且预计干旱天气或干旱范围进一步发展。

（7）高温预警

① 红色（Ⅰ级）预警：预计未来 24 小时有 2 个及以上乡镇最高气温将达 40 ℃及以上，或者已经出现并可能持续。

② 橙色（Ⅱ级）预警：预计未来 24 小时有 3 个及以上乡镇最高气温将达 37 ℃及以上，或者已经出现并可能持续。

③ 黄色（Ⅲ级）预警：预计未来 24 小时有 2 个乡镇最高气温将达 37 ℃及以上，或者已经出现并可能持续。

（8）大雾（海雾）预警

① 橙色（Ⅱ级）预警：预计未来 24 小时仙游沿海或有 3 个及以上乡镇将出现能见度小于 200 米的雾，或者已经出现并可能持续。

② 黄色（Ⅲ级）预警：预计未来 24 小时仙游沿海或有 3 个及以上乡镇将出现能见度小于 500 米的雾，或者已经出现并可能持续。

③ 蓝色（Ⅳ级）预警：预计未来 24 小时仙游沿海或有 3 个及以上乡镇将出现能见度小于 1000 米的雾，或者已经出现并可能持续。

（9）霾预警

① 橙色（Ⅱ级）预警：预计未来 24 小时将出现能见度小于 2000 米的霾，或者已经出现并可能持续。

② 黄色（Ⅲ级）预警：预计未来 24 小时将出现能见度小于 3000 米的霾，或者已经出现并可能持续。

（10）其他

对敏感地区、敏感时间和敏感人群等特殊情况，上述预警标准可酌情降低。各类气象灾害预警等级如表 B-1 所示。

表 B-1　各类气象灾害预警分级统计表

分级＼灾种	台风	暴雨	雷电冰雹雷雨大风	海上大风	低温	干旱	高温	大雾	霾
红色（Ⅰ级）	√	√				√	√		
橙色（Ⅱ级）	√	√	√	√		√	√	√	√
黄色（Ⅲ级）	√	√	√	√	√	√	√	√	√
蓝色（Ⅳ级）	√	√	√	√	√		√		

B.9.2　名词术语

台风是指生成于西北太平洋和南海海域的热带气旋（含热带风暴、强热带风暴、台风、强台风、超强台风），其带来的大风、暴雨等灾害性天气常引发洪涝、风暴潮、滑坡、泥石流等灾害。

暴雨一般指 24 小时内累积降水量达 50 毫米或以上，或 12 小时内累积降水量达 30 毫米或以上的降水，会引发洪涝、滑坡、泥石流等灾害。

雷电是指发展旺盛的积雨云中伴有闪电和雷鸣的放电现象，会对人身安全、建筑、电力和通信设施等造成危害。

冰雹是指由冰晶组成的固态降水，会对农业、人身安全、室外设施等造成危害。

雷雨大风指伴随雷电、冰雹、短时强降水出现的短时 8 级及以上大风。

海上大风是指平均风力大于 6 级或阵风风力大于 7 级的风，会对海上交通、海上作业、港口设施、施工作业等造成危害。

低温是指气温较常年异常偏低的天气现象，会对农牧业、能源供应、人体健康等造成危害。

霜冻是指地面温度降到 0 ℃或以下导致植物损伤的灾害。

干旱是指长期无雨或少雨导致土壤和空气干燥的天气现象，会对农牧业、林业、水利以及人畜饮水等造成危害。

高温是指日最高气温在 35 ℃以上的天气现象，会对农牧业、电力、人体健康等造成危害。

大雾是指空气中悬浮的微小水滴或冰晶使能见度（能见度小于1000米）显著降低的天气现象，会对交通、电力、人体健康等造成危害。

霾是指空气中悬浮的微小尘粒、烟粒或盐粒使能见度显著降低的天气现象，会对交通、环境、人体健康等造成危害。

附录 C
全国气象信息员用户手册 V1.1

全国气象信息员管理平台包括手机端应用及管理后台,手机端应用基于阿里钉钉软件,结合其钉消息必达、消息已读未读状态查看、多方免费通话等管理功能开发,嵌入了气象信息员日常所需的预警信息接收、灾情现场上报、活跃度统计等功能。管理后台基于电脑端主要为各地管理员应用,方便针对辖区的气象信息员的信息管理、活跃度统计、通知公告发布等工作。

全国气象信息员管理平台基于国、省、市、县四级组织架构设计,各单位自成组织,确保能够最大程度地利用免费钉消息、电话会议等交流协作功能,方便于各地针对气象信息员的属地化综合管理、个性化定制等工作。

前期在收集到全国各地管理员及气象单位信息的基础上已经为各单位建立了专属的组织机构,可通过以下的步骤介绍进行管理后台的注册进入并进行应用管理。

C.1 登录钉钉

C.1.1 下载钉钉

针对新管理员需首先下载钉钉软件。钉钉有手机版、PC 版和网页版,使用起来非常方便。信息员主要应用手机版,只要在各大应用市场,搜索

仙游县气象防灾减灾知识读本

"钉钉"进行下载即可。同时也可以扫描图 C-1 所示的二维码下载钉钉（iOS/Android 版）。

图 C-1　阿里钉钉 logo 与二维码

 C.1.2　注册账号

下载安装好钉钉后，打开钉钉，即可进入登录注册页面。未注册的新用户，可以点击新用户注册；已注册的老用户，可以使用账号密码或者验证码登录；点击新用户注册后，可输入手机号码收取验证码进行注册登录（图 C-2）；若超过 30 秒收不到验证，可以尝试用接听电话的方式获取；若是无法注册登录，可以点击"？"，尝试自助解决或者联系客服。填写真实姓名并设置 6～20 位的密码即可完成注册。

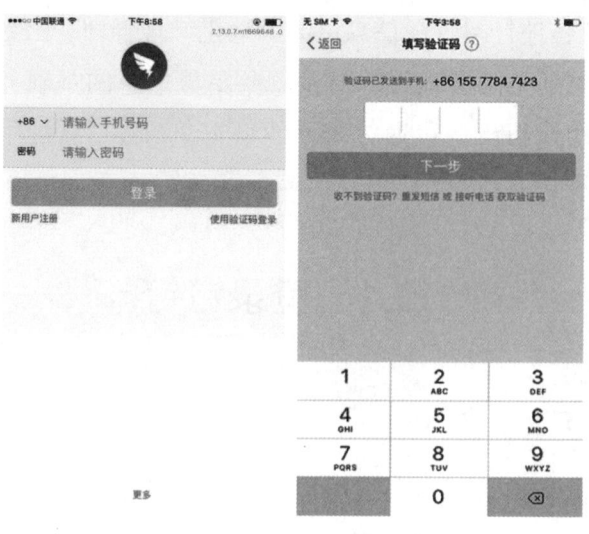

图 C-2　注册钉钉

C.2 使用钉钉

C.2.1 加入智慧信息员

登录钉钉 APP，可看到钉钉底部"消息""DING""工作""通讯录"（安卓手机这里的名称是通讯录，IOS 手机这里的名称是联系人）和"我的"。"消息"为聊天界面，跟微信、QQ 聊天基本一样；"DING"通过短信、电话播报，应用内部消息来发送信息，"通讯录"查看本组织人员，"我的"是钉钉帮助及其他辅助功能。

操作如图 C-3 所示，例如信息员加入"河北省气象局"，如果已被管理员加入钉钉组织，信息员只要点击钉钉底部"工作"标签，点击顶部"组织"下拉选择本地组织"河北省气象台"即可进入"河北省气象台智慧信息员"工作界面，开始工作，消息列表还可以看见本组织聊天群。

图 C-3 "智慧信息员"工作界面

选择所在组织工作界面后，我们进入了本组织的工作界面，信息员应用包含"预警""灾情""通知公告""培训"和"统计"，有时可看到别的应用，别紧张，那是钉钉官方提供的应用，你也可以多试一试。那么，我们能在"智慧信息员"上做什么？记住五点：收预警，报灾情，看培训，阅公告，查统计。下面一一道来。

C.2.2 收预警

当本地区发生预警时,手机会收到钉钉发送的预警消息,以工作通知的形式发送到手机上,可逐步点击进入查看预警详情(图C-4)。遇到紧急预警时,信息员可以对信息未读人员或者希望发送的人员采用"消息必达"的方式以(应用内、短信、语音三种方式)提醒查看预警(图C-5),同时也可以将该预警分享到微信朋友圈、QQ等社交平台(图C-6)。下拉可查看此预警的应急处置措施、所在组织发布的其他预警信息以及周边的预警地图、周边灾情、常用应急电话等。

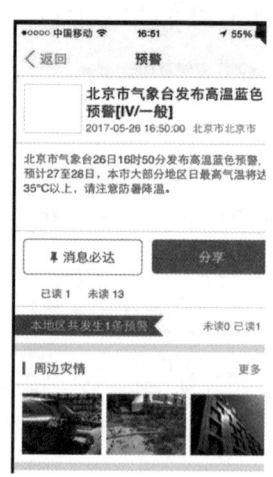

图C-4　预警接收

图C-5　重要预警"消息必达"通知未读人员

附录 C　全国气象信息员用户手册 V1.1

图 C-6　预警查看与分享

C.2.3　报灾情

本地区发生灾情时，信息员可以从手机端点击钉钉进入信息员工作平台，点击"灾情"按钮进入报灾界面。包括语音、文字描述、照片、定位（系统定位当前位置并可进行微调）等多要素提交上报灾情信息，由本组织的管理员审核发布；此外点击"列表"按钮，可查看周边和全国灾情，有列表、地图两种方式展示形式（图 C-7）。

图 C-7　上报灾情

117

提交的灾情信息若管理员审核通过则会以工作通知的形式发送给本组织所有人员，并在周边和全国模块显示（图 C-8），若被驳回则也会收到通知。

图 C-8　灾情接收与查看

C.2.4　看培训

智慧信息员平台提供了培训模块，信息员可以点击"培训"按钮，查看视频、图文资讯学习相关知识，是信息员内部学习园地（图 C-9）。

图 C-9　培训学习

C.2.5 阅公告

点击"公告"按钮可以通过手机端方便地查阅各种内部公告等，同时还能查询每条公告的已读未读情况（图 C-10）。

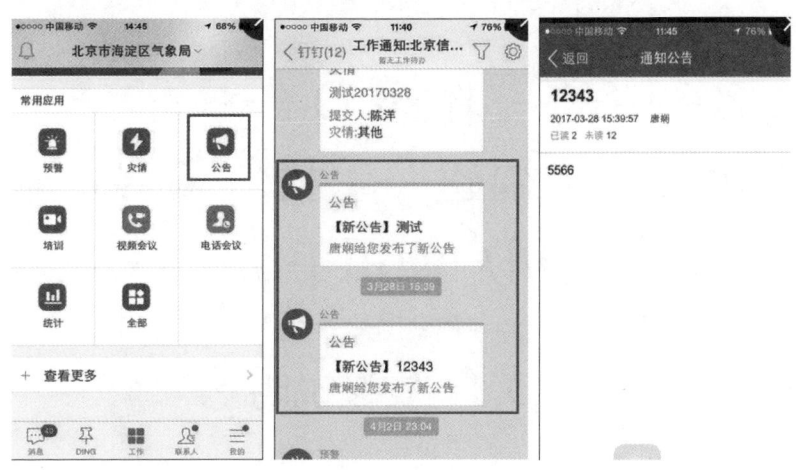

图 C-10　通知公告

C.2.6 查统计

点击"统计"按钮，信息员还可以通过统计模块，了解自己在信息员平台上所做的事情，数据一目了然，包括预警浏览量、预警分发量、灾情上报量，以及平台登录次数等，平台根据以上指标来计算信息员的活跃度并进行相关排名（图 C-11）。

图 C-11　统计

附录 D
"知天气－福建"手机气象客户端用户使用手册

D.1 安装说明

D.1.1 客户端安装

首次安装：

1. 手机扫描二维码
2. 手机软件商城搜索并下载"知天气－福建"
3. 快速通道下载 http://www.fjqxfw.com:8099/ztq_wap/
或官网下载 http://www.ikan365.cn/

升级包安装：

当有升级包发布时，打开客户端后会收到升级提示，点击"立即更新"即可下载新版安装包，并根据系统完成安装。

D.1.2 客户端启动

成功安装后，点击图标  即可启动客户端（图 D-1）。

附录D "知天气–福建"手机气象客户端用户使用手册

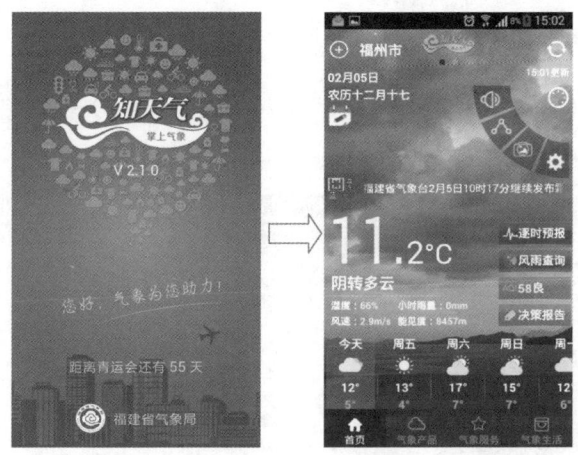

图 D-1 启动"知天气–福建"客户端

D.2 操作说明

D.2.1 首页

首次开启客户端，选择城市后进入首界面。用户可根据需要进行城市增删以及栏目切换。上拉屏幕出现超屏部分的信息（图 D-2）。

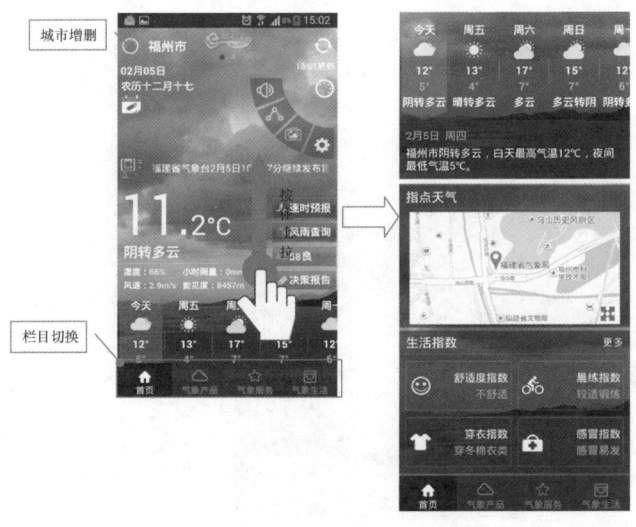

图 D-2 首页和超屏信息

121

D.2.2 预警中心

首页屏幕右滑进入预警中心的界面，预警中心分为气象预警、气象风险灾害预警、突发公共事件预警（图D-3）。

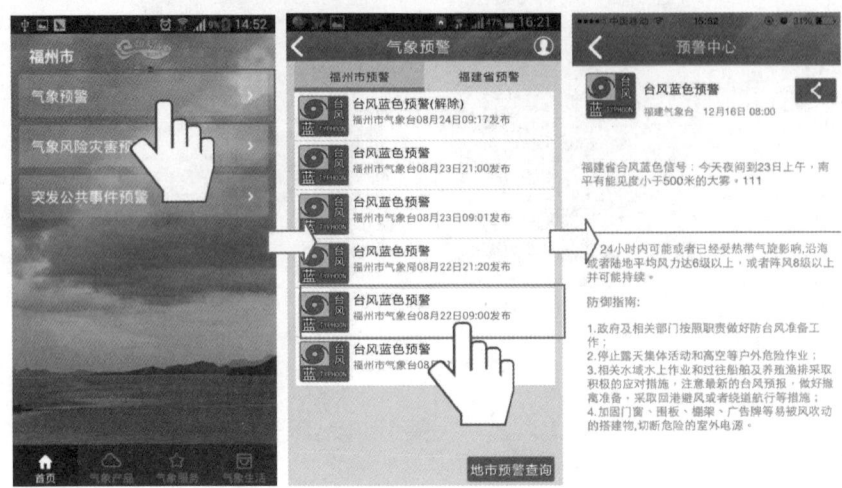

图 D-3　预警中心

D.2.3 预警信息

界面如图 D-4 所示。

图 D-4　预警信息

附录D "知天气-福建"手机气象客户端用户使用手册

D.2.4 逐时预报

"逐时预报"用以查询当前城市未来36小时逐小时的精确预报信息，包括天气图标、气温、降水量、能见度、风速、风向、相对湿度、气压（图D-5）。

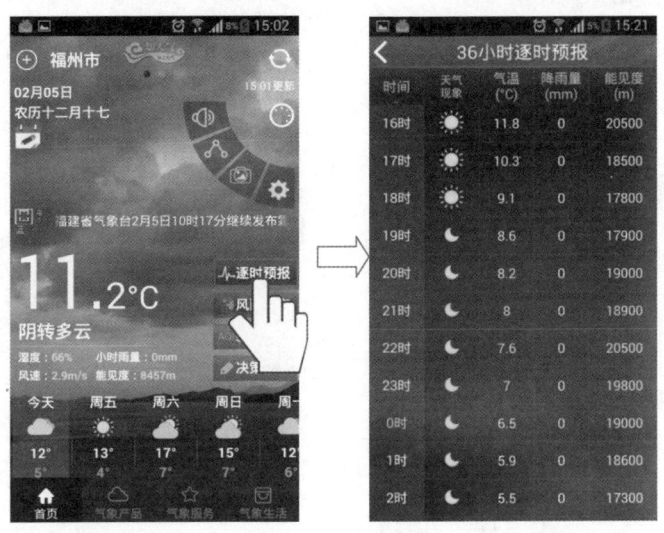

图D-5 逐时预报

D.2.5 风雨查询

风雨查询包括当前乡镇的小时雨量、高温、低温、风况4类天气信息。
（1）雨量（图D-6）

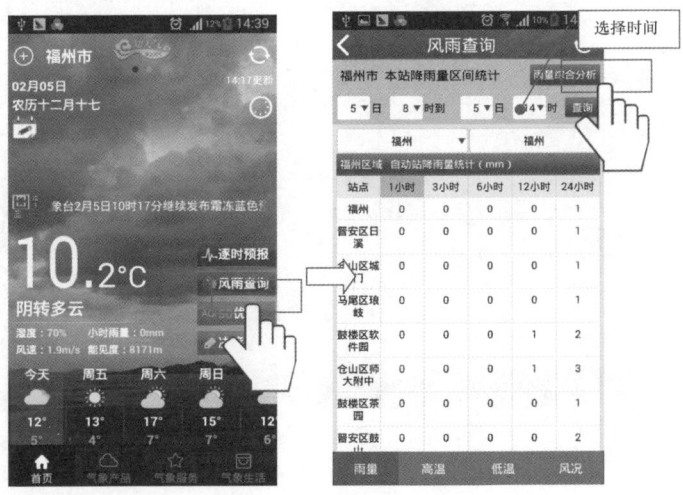

123

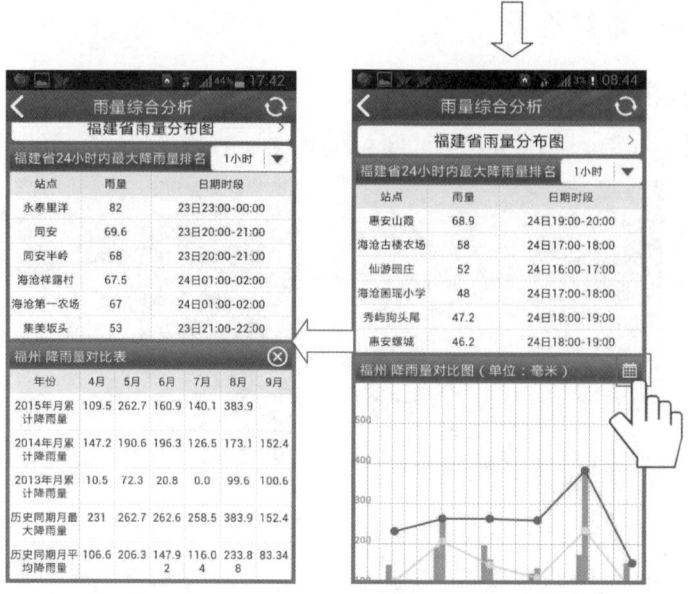

图 D-6　雨量

（2）高温（图 D-7）

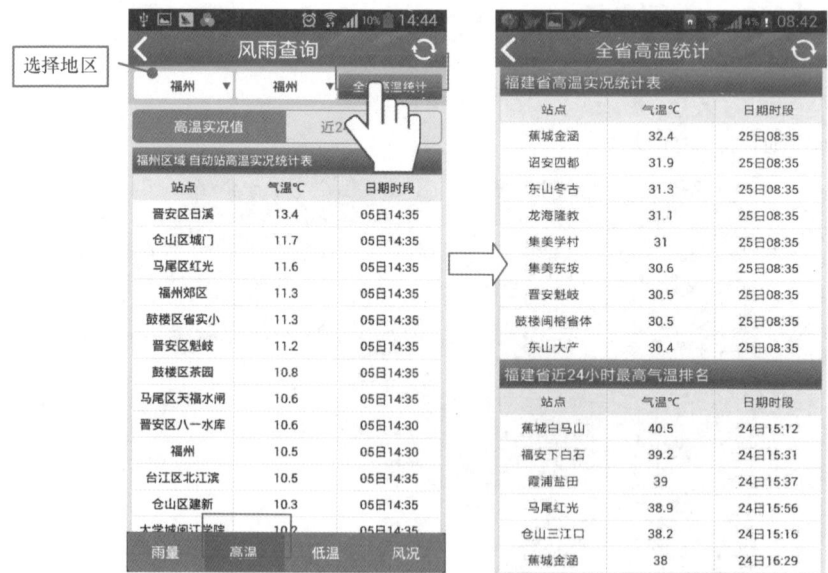

图 D-7　高温

附录D "知天气－福建"手机气象客户端用户使用手册

（3）低温（图D-8）

图 D-8　低温

（4）风况（图D-9）

图 D-9　风况

D.2.6 空气质量（图 D-10）

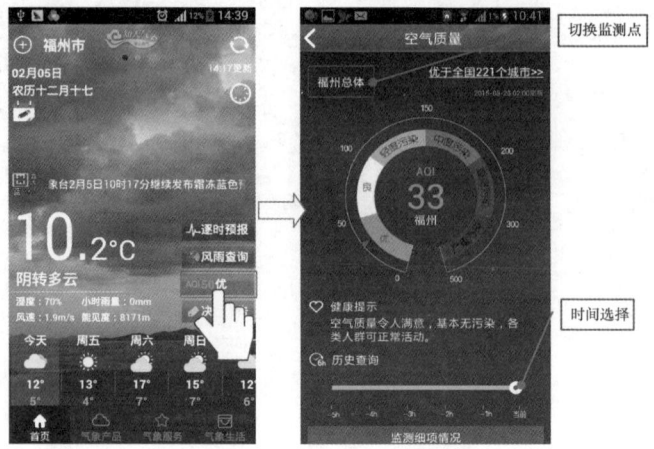

图 D-10　空气质量

D.2.7 决策报告

决策报告为气象服务的快速入口，点击进入气象服务的界面（图 D-11）。

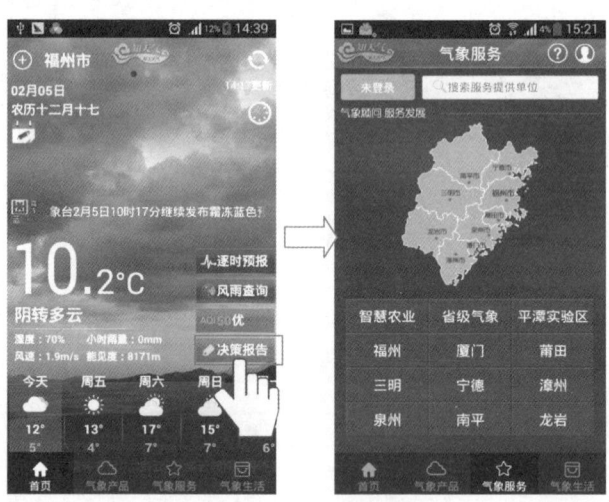

图 D-11　决策报告

D.2.8 一周天气

一周天气列表，点击可切换对应文字预报（图 D-12）。

附录D "知天气－福建"手机气象客户端用户使用手册

图 D-12　一周天气

D.2.9　指点天气

提供查询省内任意位置的天气信息。点击地图进入下级详细界面。界面默认显示当前位置 6 小时预报数据，默认比例尺 1∶100。手势拖动上下左右加载周边地图及地图范围内的地理名称信息，手指点击显示该位置的 6 小时预报（图 D-13）。

图 D-13　指点天气

127

B.2.10　生活指数

点击生活指数获取详细信息，用户还可对生活指数进行个性管理（图 D-14）。

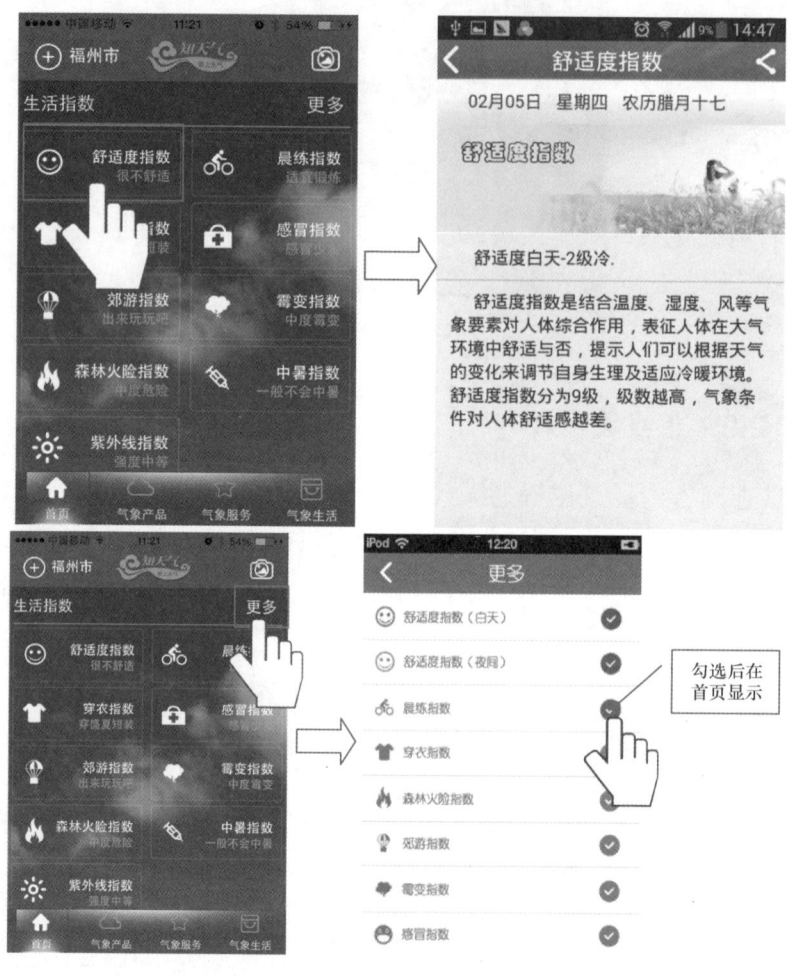

图 D-14　生活指数

D.2.11　日历中心

点击首页日期进入日历中心，在日历中心可以查看详细黄历信息和添加记事（图 D-15）。

附录D "知天气-福建"手机气象客户端用户使用手册

图 D-15　日历中心

D.2.12　功能集成按钮

点击该功能按钮展开4个子按钮：语音播放、天气分享、实景、设置（图D-16）。

图 D-16　功能集成按钮

（1）点击语音播放按钮可语音播报天气预报，如未下载语音包则弹出提示下载语音包（图 D-17）。

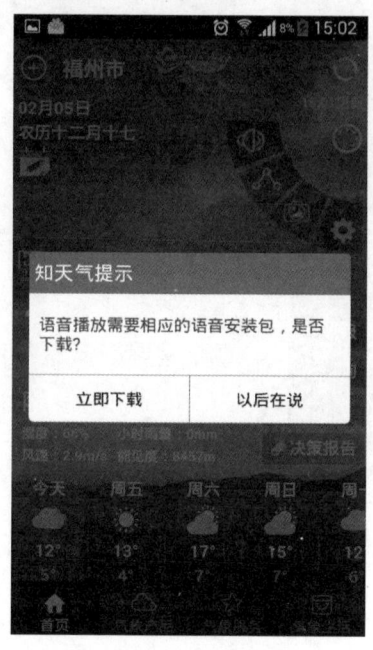

图 D-17　语音播放

（2）点击天气分享按钮，会弹出分享天气的窗口，可选择第三方社交进行分享（图 D-18）。

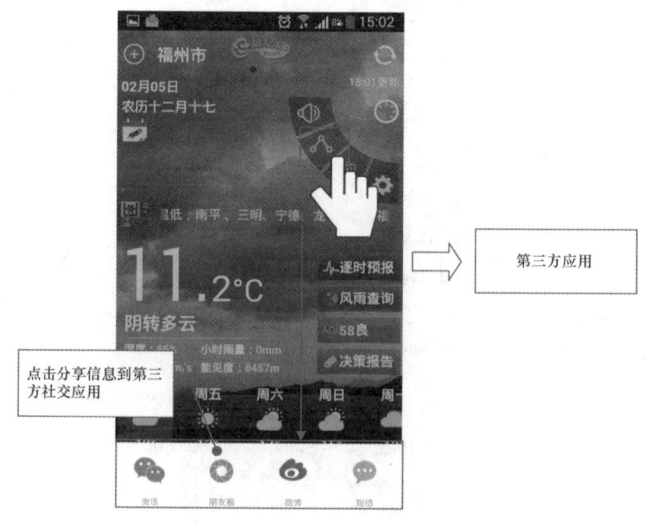

图 D-18　天气分享

附录D "知天气-福建"手机气象客户端用户使用手册

（3）点击实景按钮，进入实景开拍界面（图 D-19）。

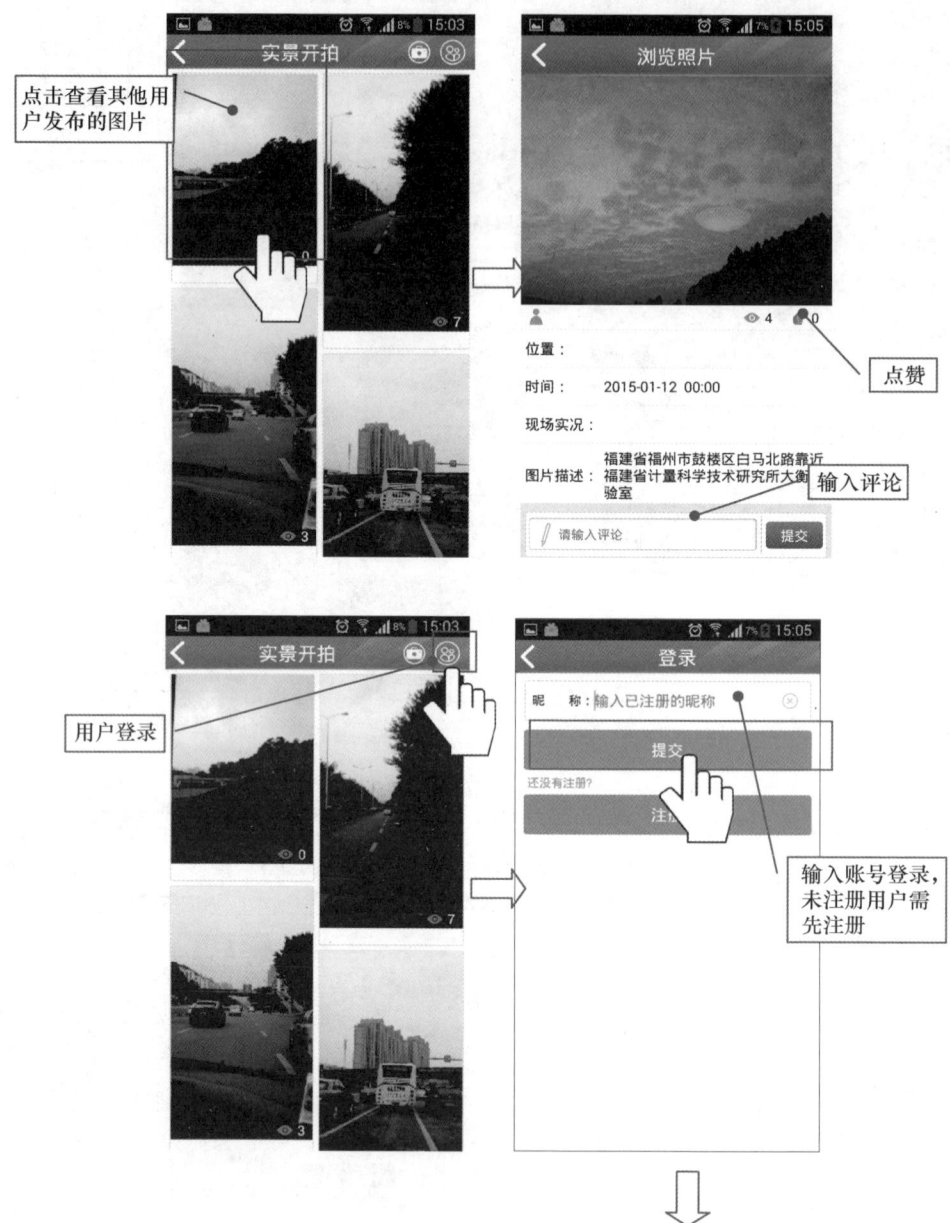

附录D "知天气–福建"手机气象客户端用户使用手册

图 D-19 实景

（4）点击设置按钮，进入右侧栏的设置中心界面（图 D-20），具体功能手册见"D.6.2 右侧栏"部分。

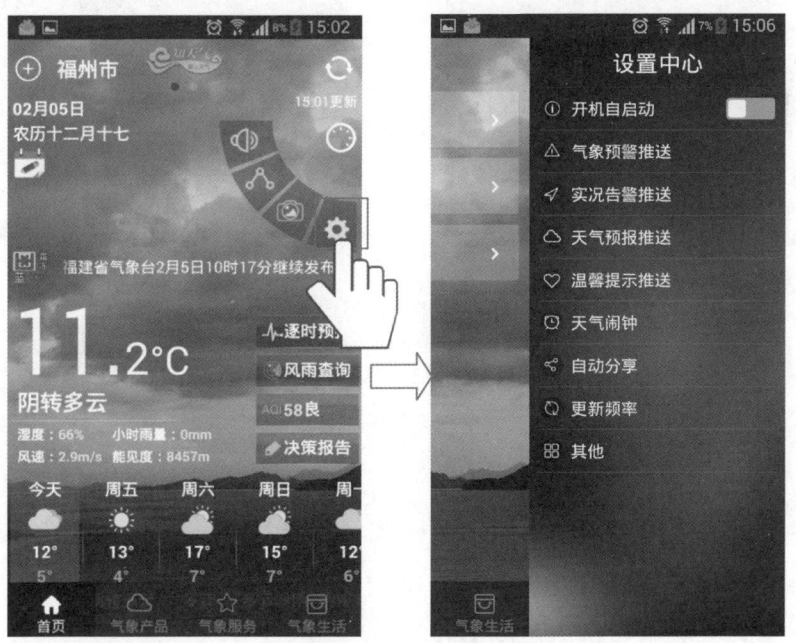

图 D-20 设置

133

D.3 气象产品

气象产品包含：气象雷达、卫星云图、台风路径、天气综述、数值预报、整点实况、指点天气、交通气象、海洋天气、气象影视、福建汛情以及一个"待添加"虚位图标。

点击 tab 栏的"气象产品"进入气象产品界面（图 D-21）。

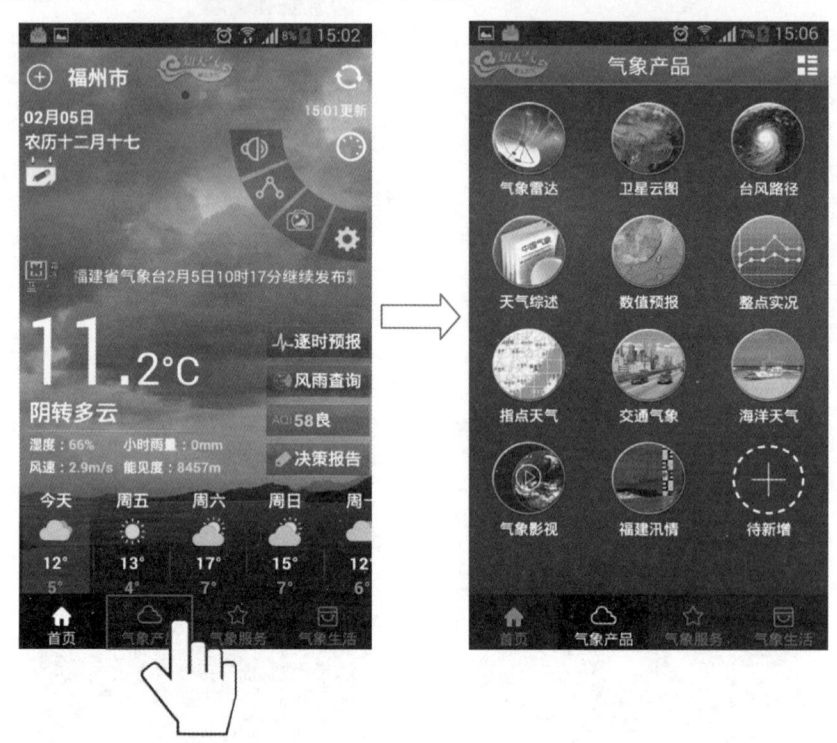

图 D-21　气象产品

D.3.1　气象雷达

气象雷达提供福建全省雷达拼图和福州雷达站、龙岩雷达站、南平雷达站、厦门雷达站、三明雷达站、泉州雷达站 6 个雷达站的选择。默认显示福建全省气象雷达拼图（图 D-22）。

附录D "知天气–福建"手机气象客户端用户使用手册

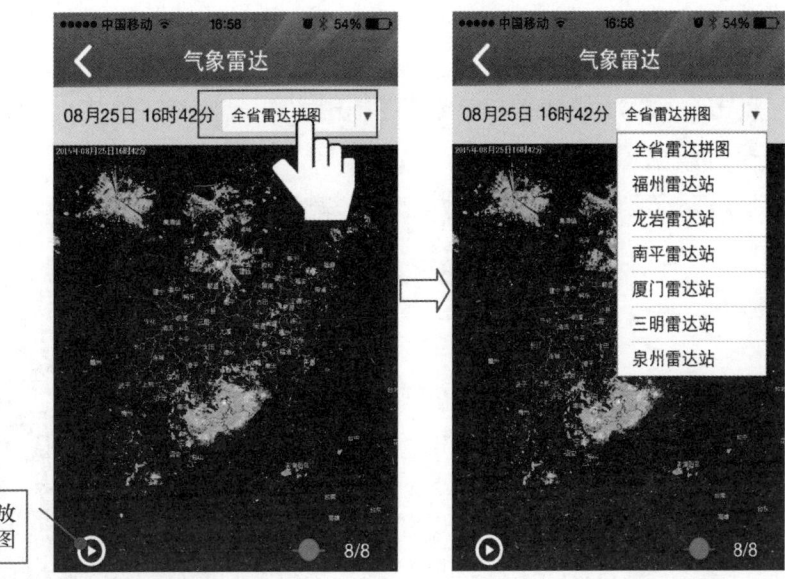

图 D-22　气象雷达

D.3.2　卫星云图

该栏目提供当天气象卫星云图,有彩色云图、红外云图、可见光图、水汽云图 4 种类型(图 D-23)。

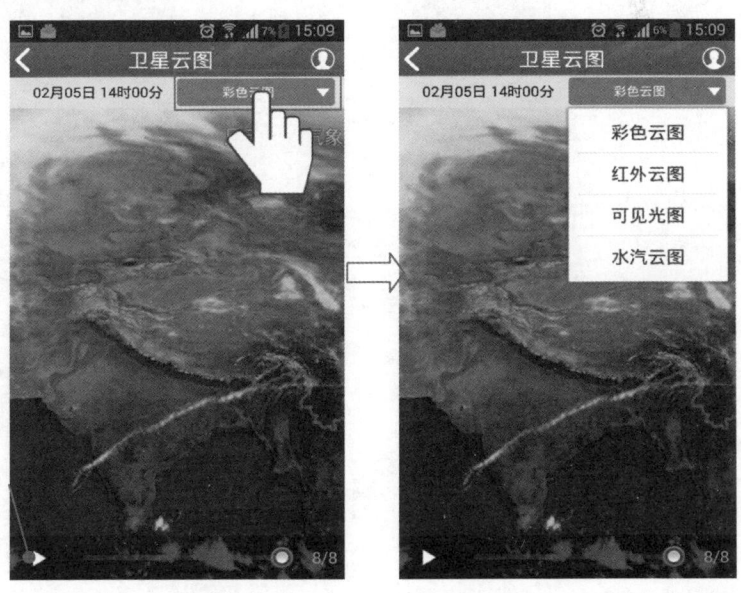

图 D-23　卫星云图

135

D.3.3 台风路径

点击台风路径图标进入该栏目,用户可查看、播放当前台风信息和历史的台风数据(图 D-24)。

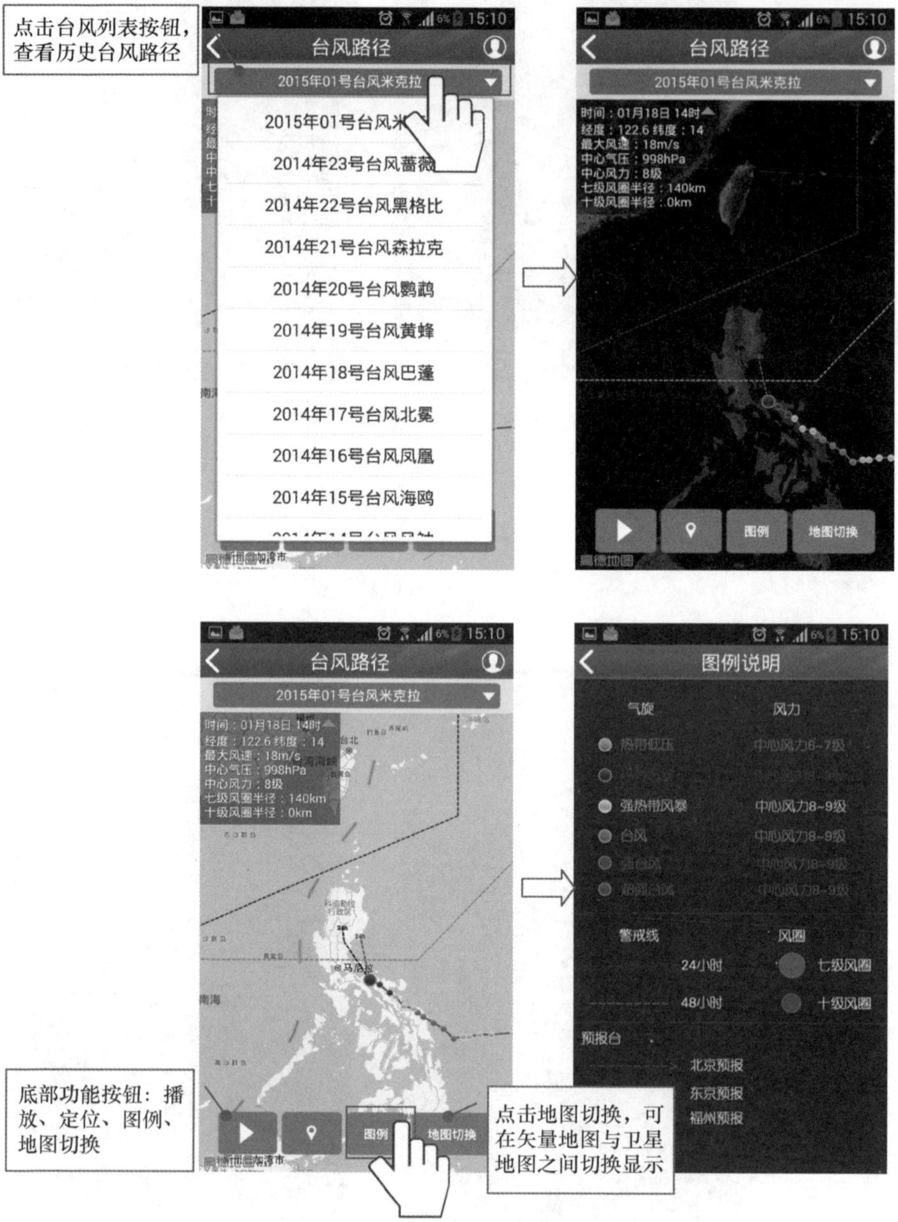

图 D-24 台风路径

附录D "知天气-福建"手机气象客户端用户使用手册

D.3.4 天气综述

点击天气综述图标进入功能界面,界面内容包含福建省天气预报或预警预报、福建省地质灾害气象条件预报、台湾海峡天气预报、台风预报(图D-25)。

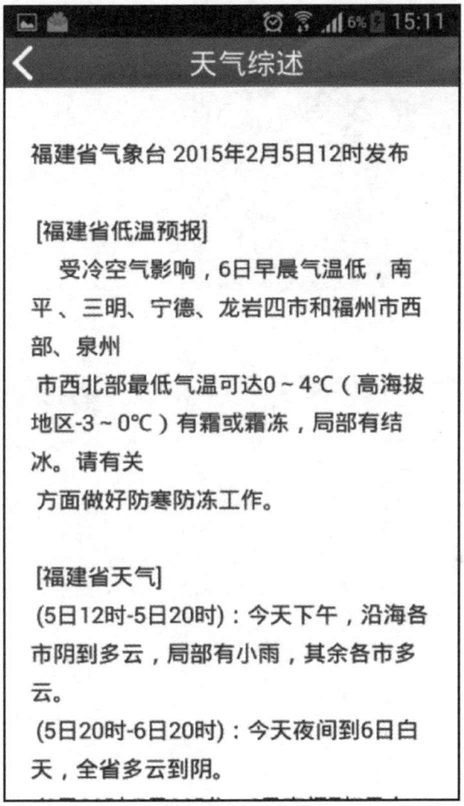

图 D-25　天气综述

D.3.5 数值预报

数值预报包括中央气象台指导预报、福建省气象台指导预报、EC细网格、日本细网格、T639、FJ-WRF共6个栏目(图D-26)。

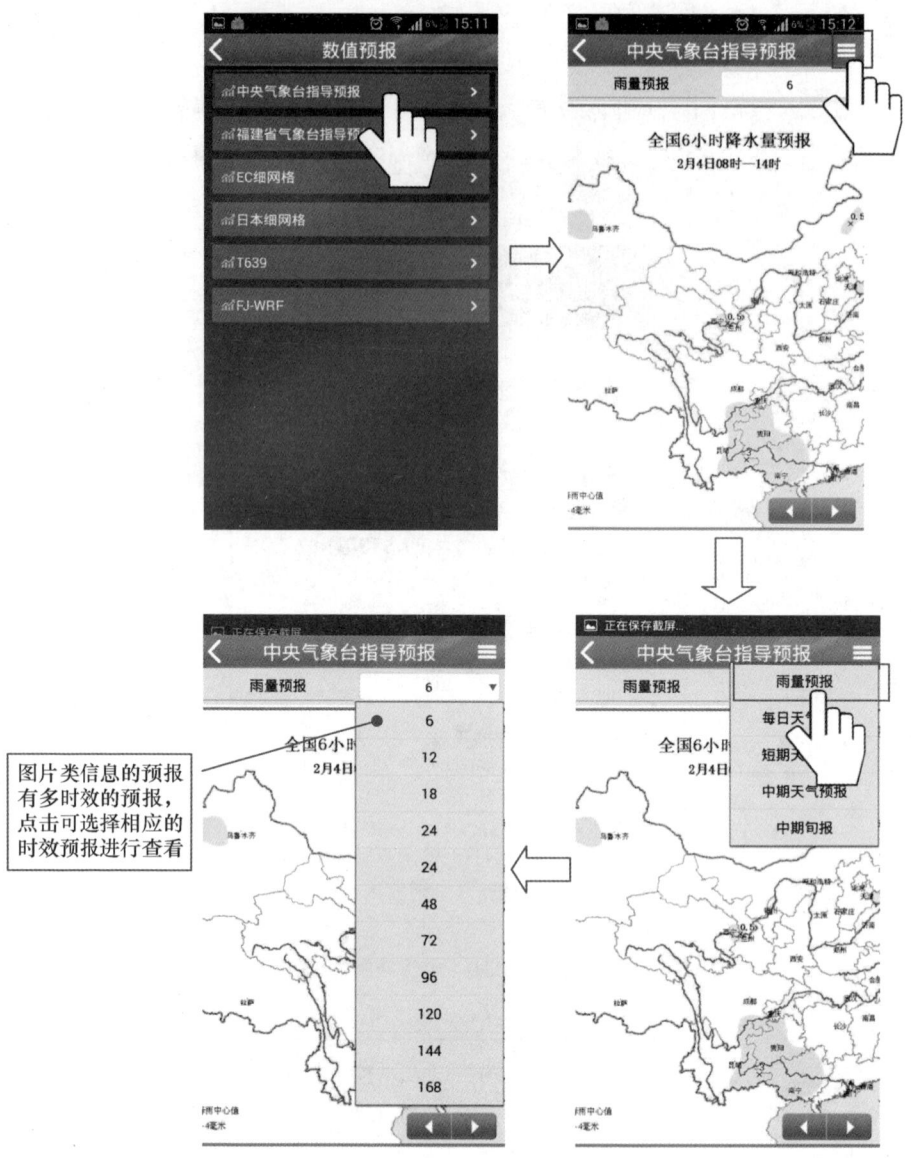

图 D-26　数值预报

D.3.6　整点实况

整点实况包括了气温、风速、降雨量、相对湿度、能见度、气压 6 类整点数据（图 D-27）。

附录D "知天气-福建"手机气象客户端用户使用手册

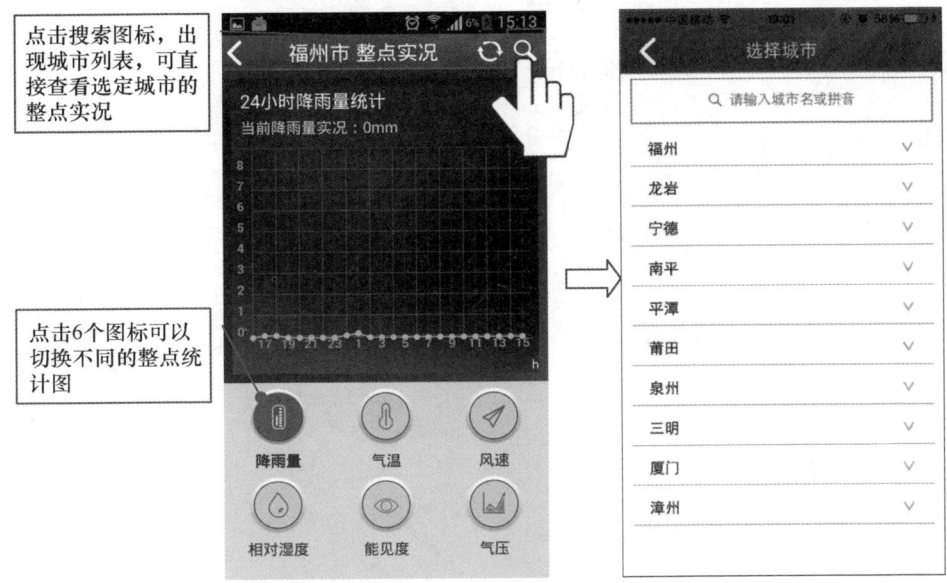

图 D-27　整点实况

D.3.7　指点天气

该功能已在 D.2.9 进行说明。

D.3.8　交通气象

该功能提供省内主要国道、高速天气预报信息（图 D-28）。国道、高速包括：沈海高速、福银高速、漳龙高速、浦南高速、205 国道、316 国道、319 国道、104 国道、324 国道。

D.3.9　海洋天气

海洋天气提供"福鼎至平潭沿海、平潭至崇武沿海、崇武至东山沿海"三区海域的气象信息和"温台及温外渔场、闽东渔场、闽外渔场、闽中渔场、闽南渔场、台湾浅滩渔场、钓鱼岛海域"七大渔场的气象信息（图 D-29）。

139

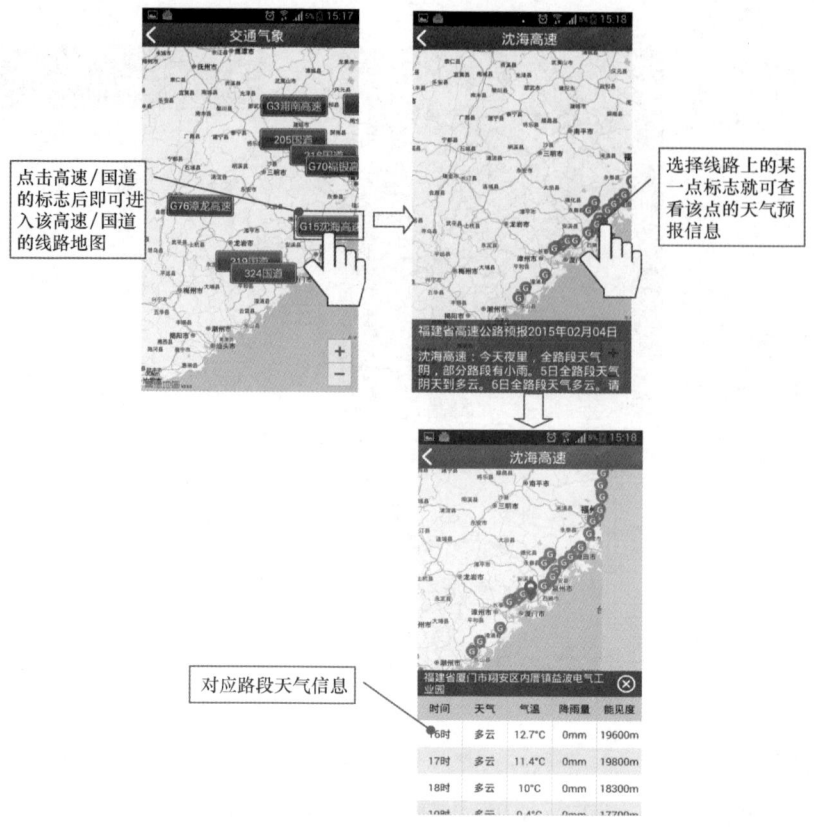

图 D-28　交通气象

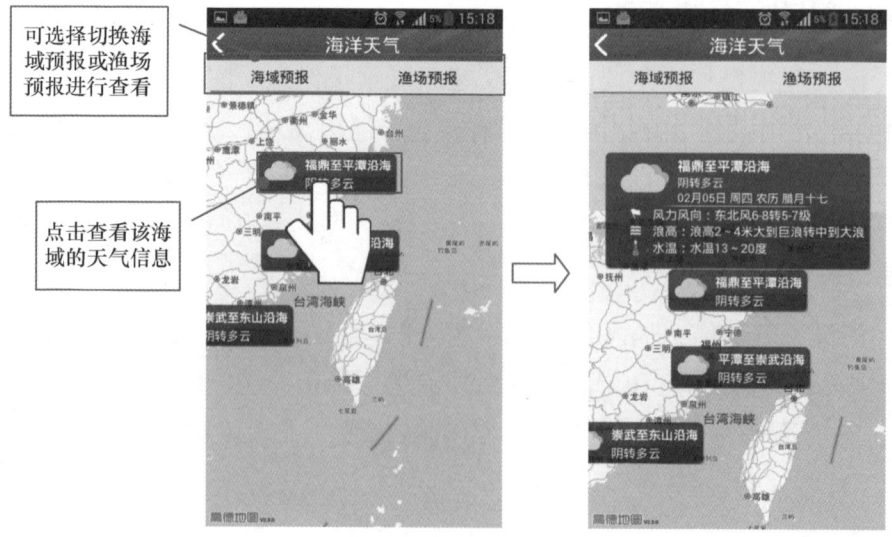

图 D-29　海洋天气

附录D "知天气－福建"手机气象客户端用户使用手册

D.3.10　气象影视

气象影视提供了全省天气预报、旅游气象、东南气象快讯、东南气象、公共气象、说天气、海峡气象、号号播天气、交通气象、经济频道、都市频道11个气象节目（图D-30）。

图D-30　气象影视

D.3.11　福建汛情

福建汛情包括全省汛情摘要、雨情信息、水位站信息、水库站信息、风情信息5类（图D-31）。

D.4　气象服务

点击客户端tab栏目中的"气象服务"，进入气象服务一级页面，一级页面包含登录按钮、气象服务提供单位搜索框、帮助、气象服务地区（单位）地图和表格（图D-32）。

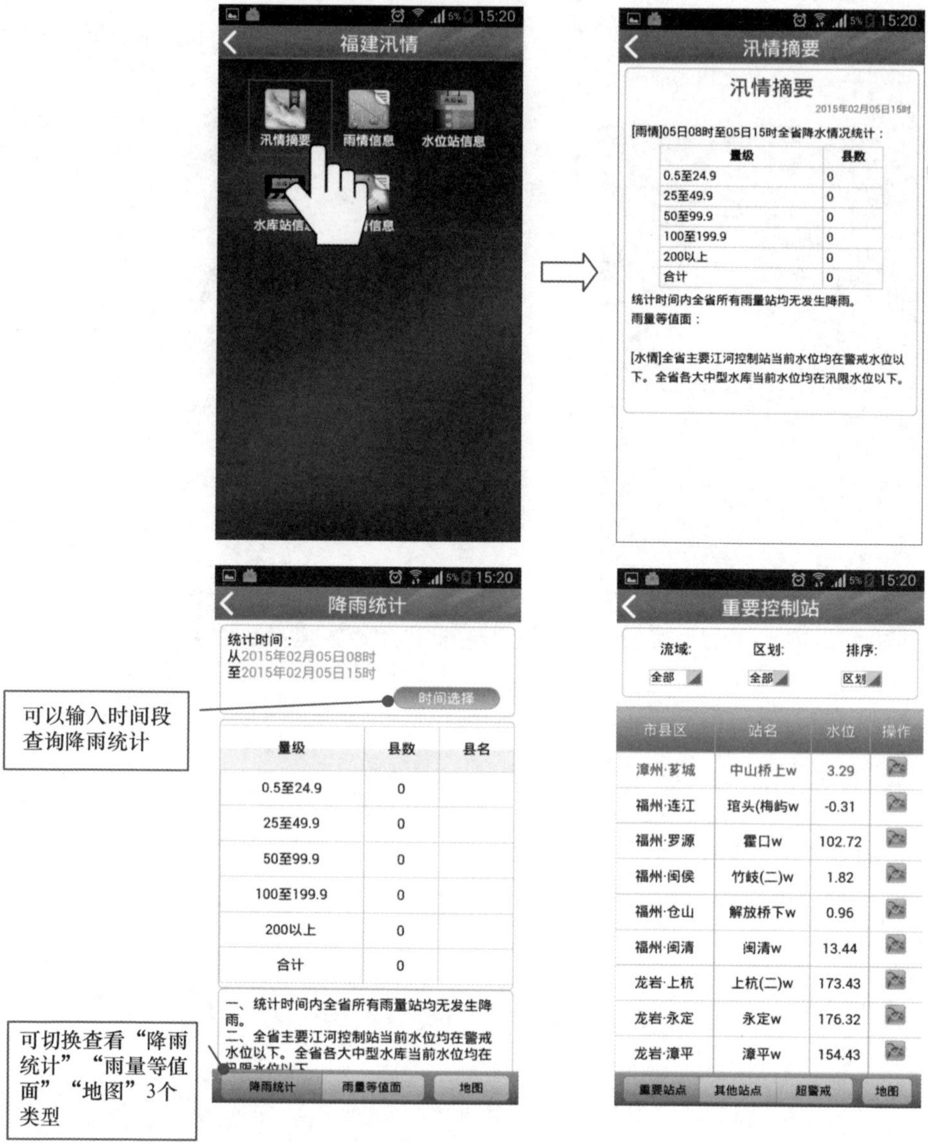
福建汛情
汛情摘要
雨情信息
水位站信息
汛情摘要
2015年02月05日15时
[雨情]05日08时至05日15时全省降水情况统计：
量级
县数
0.5至24.9
25至49.9
50至99.9
100至199.9
200以上
合计
统计时间内全省所有雨量站均无发生降雨。
雨量等值面：
[水情]全省主要江河控制站当前水位均在警戒水位以下。全省各大中型水库当前水位均在汛限水位以下。
降雨统计
统计时间：
从2015年02月05日08时
至2015年02月05日15时
时间选择
可以输入时间段查询降雨统计
量级
县数
县名
一、统计时间内全省所有雨量站均无发生降雨。
二、全省主要江河控制站当前水位均在警戒水位以下。全省各大中型水库当前水位均在
降雨统计
雨量等值面
地图
可切换查看“降雨统计”“雨量等值面”“地图”3个类型
重要控制站
流域:
区划:
排序:
全部
全部
区划
市县区
站名
水位
操作
漳州·芗城
中山桥上w
3.29
福州·连江
琯头(梅屿w
-0.31
福州·罗源
霍口w
102.72
福州·闽侯
竹岐(二)w
1.82
福州·仓山
解放桥下w
0.96
福州·闽清
闽清w
13.44
龙岩·上杭
上杭(二)w
173.43
龙岩·永定
永定w
176.32
龙岩·漳平
漳平w
154.43
重要站点
其他站点
超警戒
地图

图 D-31　福建汛情

附录D "知天气－福建"手机气象客户端用户使用手册

图 D-32 气象服务

点击帮助按钮，查看有关气象服务的帮助信息（图 D-33）。

图 D-33 帮助

143

点击登录按钮，未登录的情况下将出现登录界面（图 D-34）。

输入在气象局登记的账号、密码即可登录气象服务

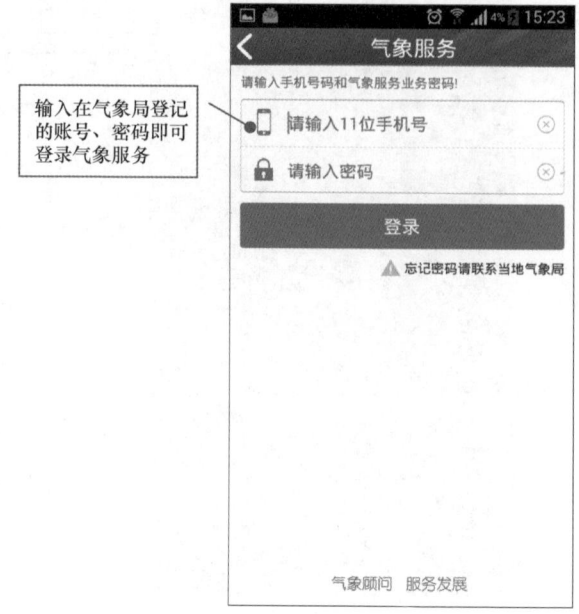

图 D-34　登录

点击搜索框，弹出气象单位列表，可搜索气象单位（图 D-35）。

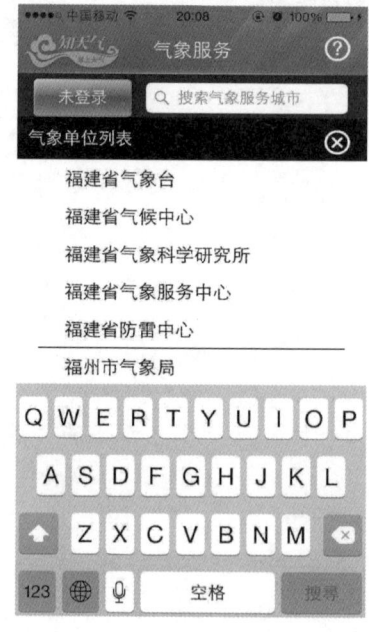

图 D-35　搜索

附录D "知天气－福建"手机气象客户端用户使用手册

点击气象服务地区表格，弹出该地区的气象服务单位，选择进入该单位提供的服务内容（图 D-36）。

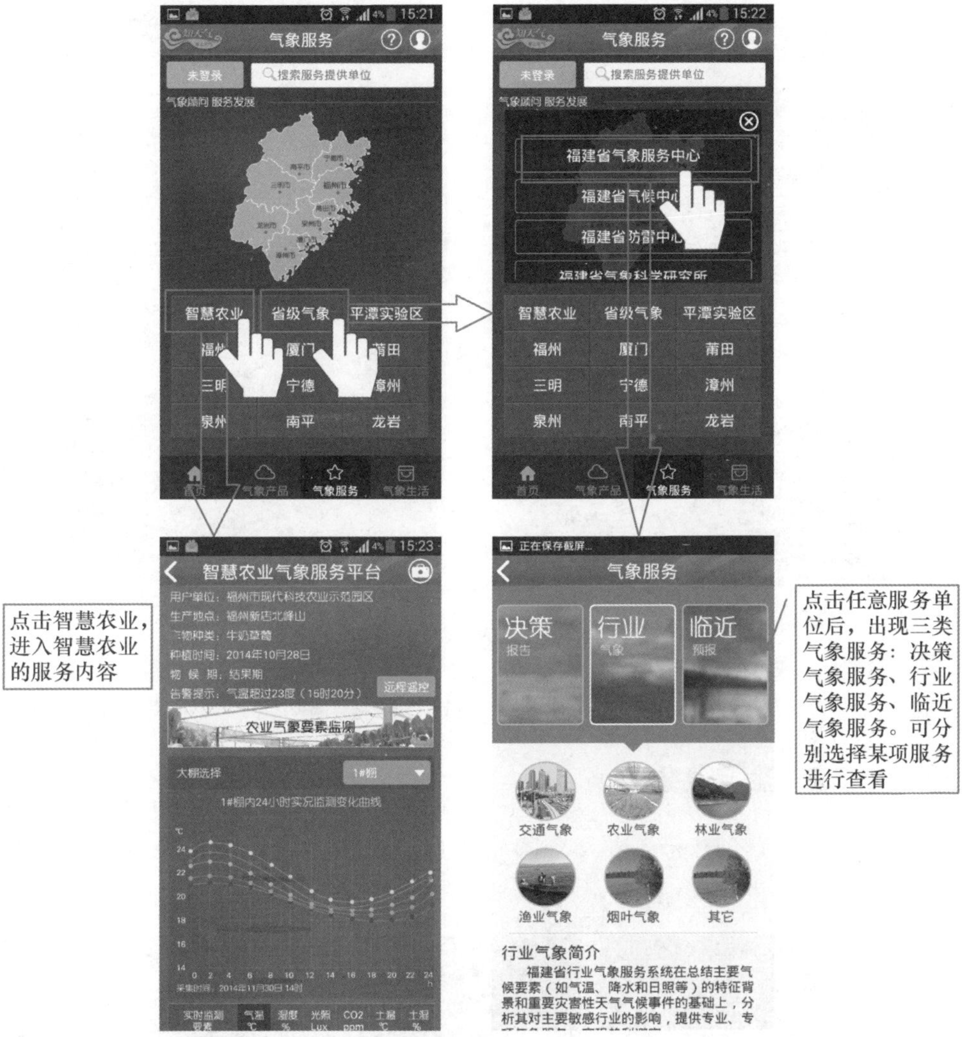

图 D-36　气象服务地区（单位）

D.5　气象生活

气象生活包括旅游气象、气象科普、灾害防御、天气新闻、亲情城市、空气质量 6 个功能模块（图 D-37）。

145

图 D-37　气象生活

D.5.1　旅游气象

点击旅游气象图标，进入全国旅游景点列表，选择某一景点，手指左滑进入景点介绍（图 D-38）。

图 D-38　旅游气象

D.5.2 气象科普

气象科普包括气候解读、节气养生、气象美图、天文地理、气象百科等子栏目（图D-39）。

图 D-39　气象科普

D.5.3 灾害防御

点击气象生活的灾害防御栏目进入灾害防御的文章列表，可选择文章查看内容（图D-40）。

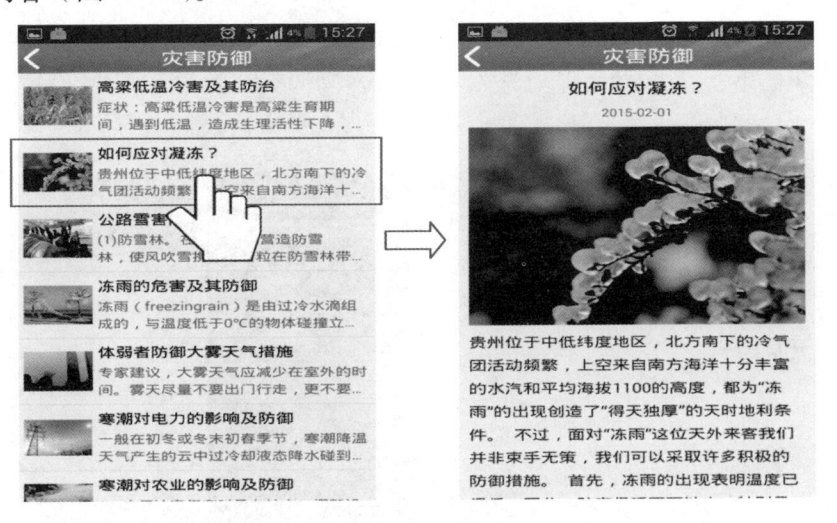

图 D-40　灾害防御

D.5.4 天气新闻

点击气象生活的天气新闻栏目进入天气新闻的文章列表，可选择文章查看内容（图D-41）。

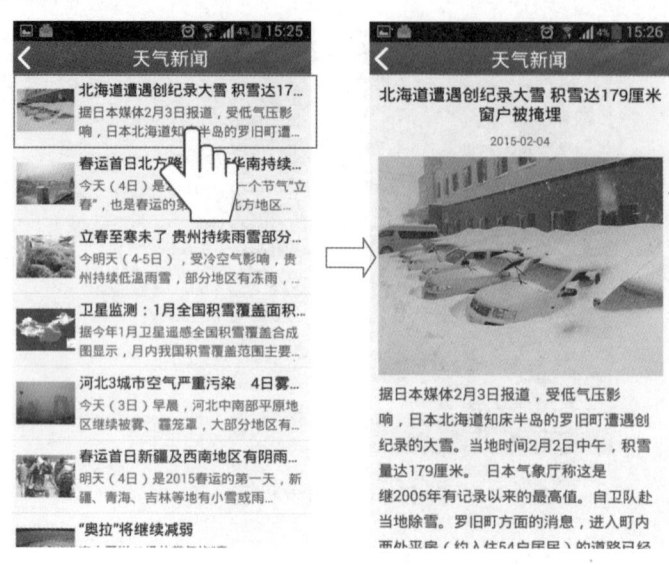

图 D-41　天气新闻

D.5.5 亲情城市

点击气象生活的亲情城市图标进入功能界面，初次进入尚未添加亲情城市的情况下，系统会自动进入城市列表，选择自己的亲情城市后，再次进入就不用再次添加（图D-42）。

图 D-42　亲情城市

附录D "知天气－福建"手机气象客户端用户使用手册

 D.5.6 空气质量

气象生活的空气质量模块提供国内各城市的空气质量排行榜、查询各个城市的空气质量状况及其他功能（图 D-43）。

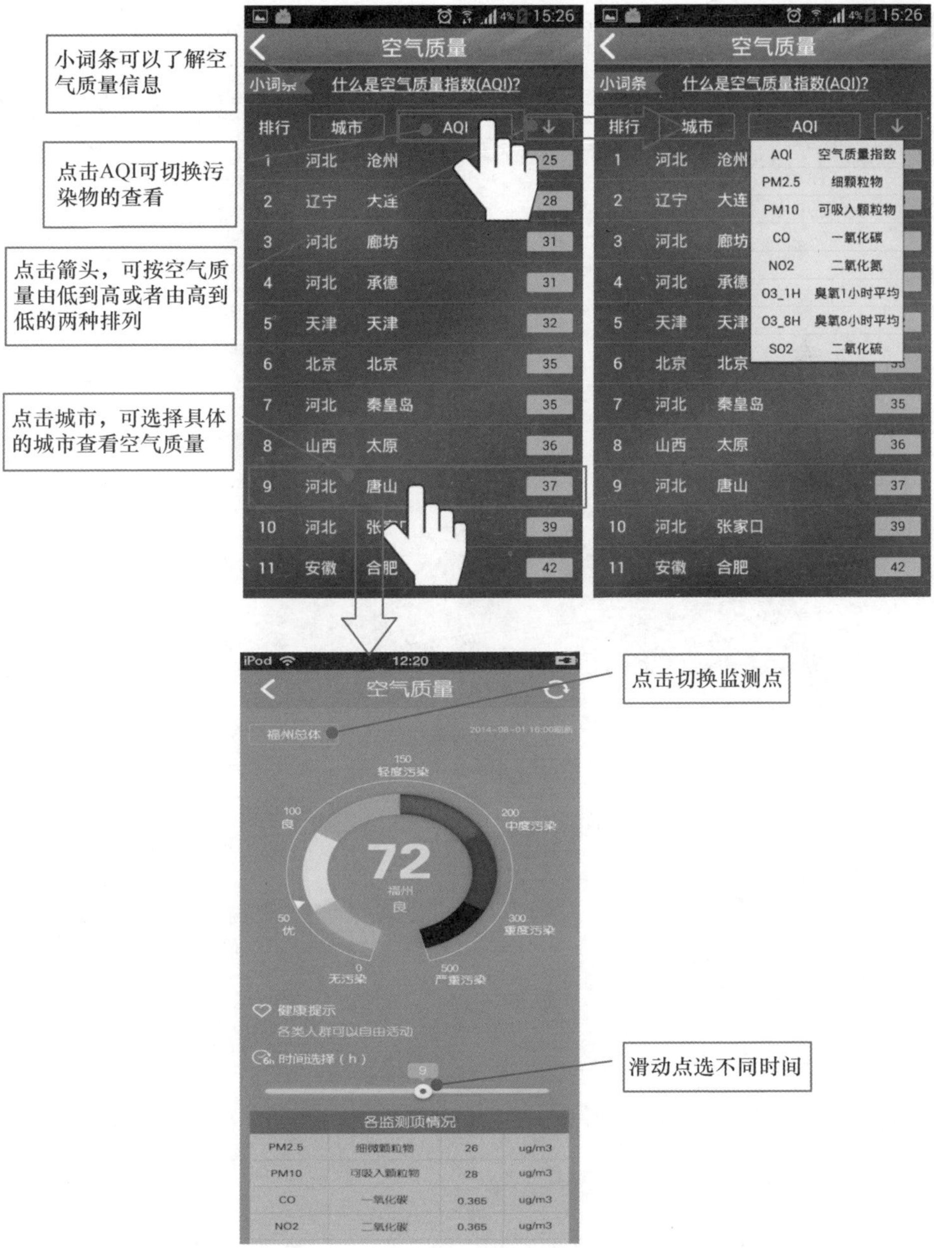

图 D-43 空气质量

D.6 左右侧栏

D.6.1 左侧栏——城市管理

左侧边栏界面是进行城市管理的界面。用户点击首页导航栏左上角的城市管理按钮或自天气页面自左向右滑动首面，可向右滑出左侧边栏的城市选择界面（图D-44）。

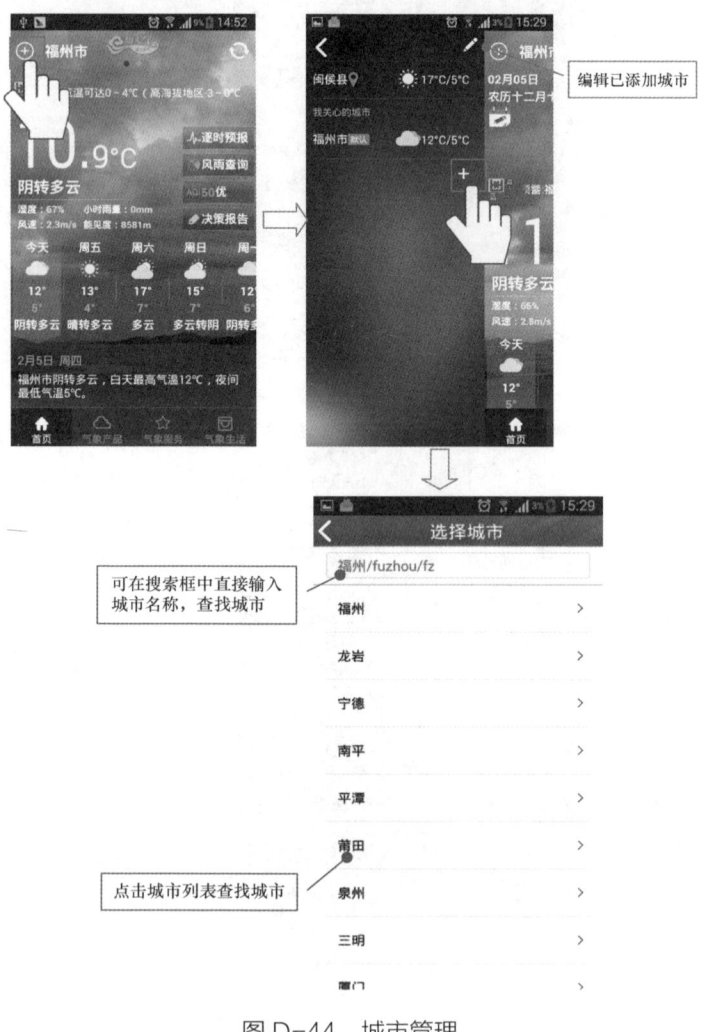

图D-44 城市管理

D.6.2 右侧栏——设置中心

右侧边栏界面是以系统设置为主要功能的界面。用户点击首页集成按钮中的设置按钮，则首界面向左滑出右侧边栏设置中心界面（图 D-45）。该界面提供气象预警推送、实况告警推送、天气预报推送、温馨提示推送、更新频率设置、其他等功能。

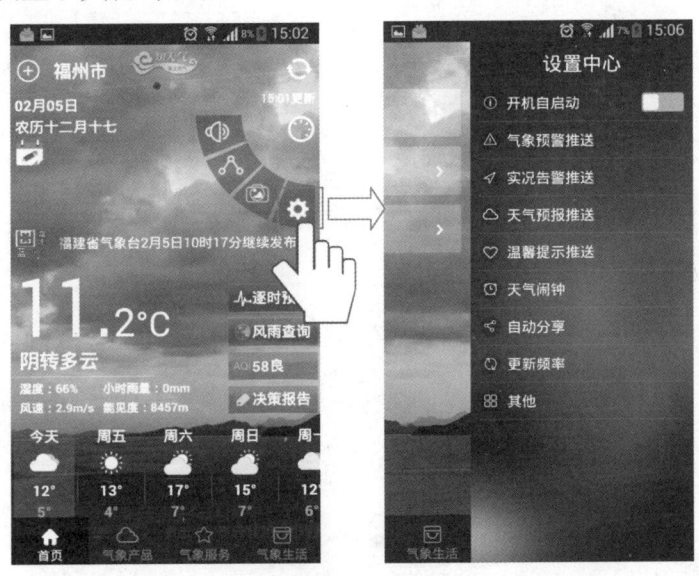

图 D-45　设置中心

（1）气象预警推送（图 D-46）

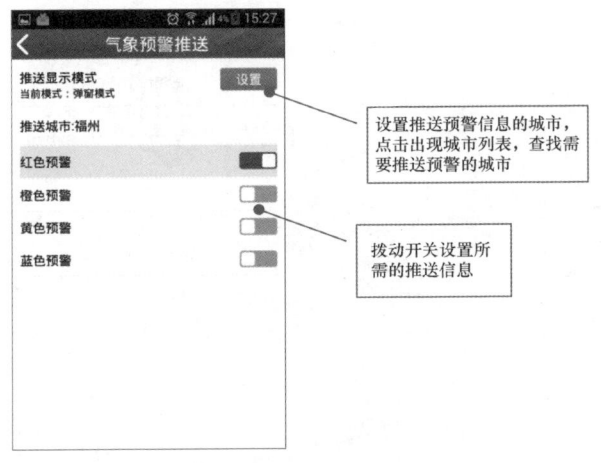

图 D-46　气象预警推送

（2）实况告警推送（图 D-47）

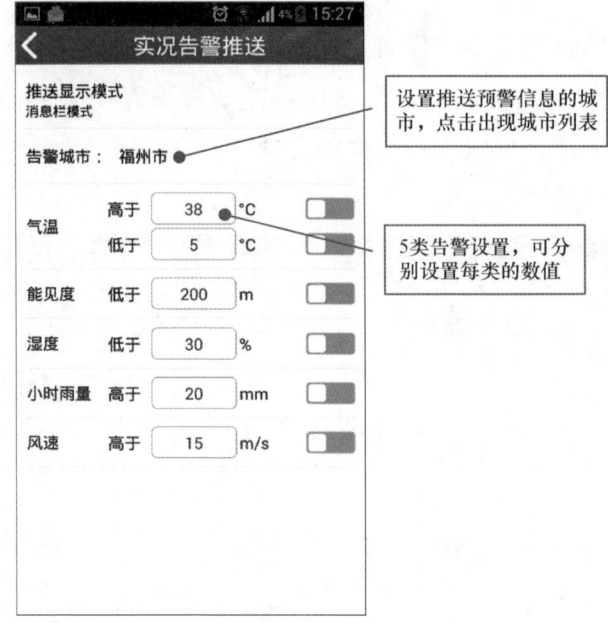

图 D-47　实况告警推送

（3）天气预报推送（图 D-48）

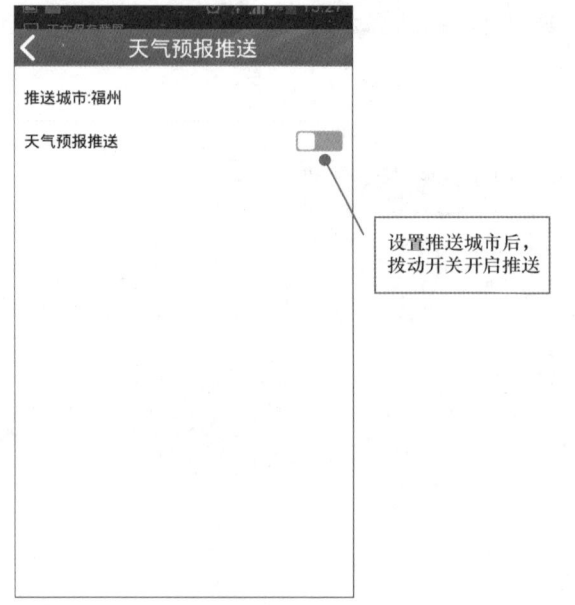

图 D-48　天气预报推送

附录D "知天气–福建"手机气象客户端用户使用手册

（4）温馨提示推送（图D-49）

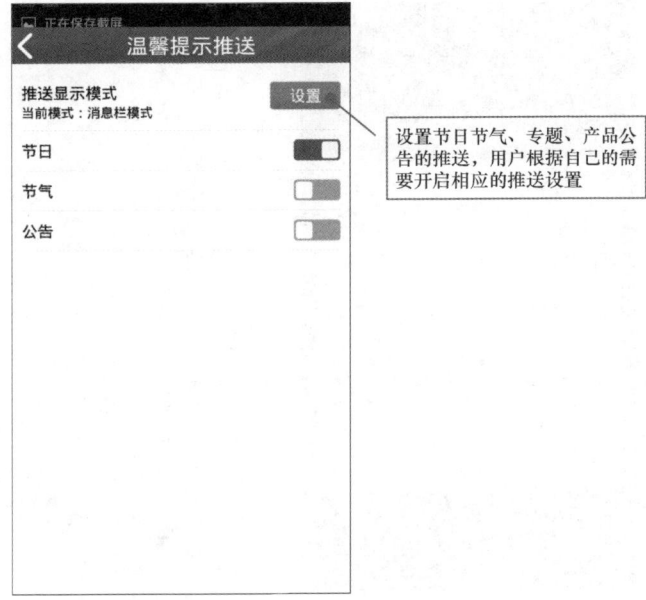

图D-49　温馨提示推送

（5）自动分享（图D-50）

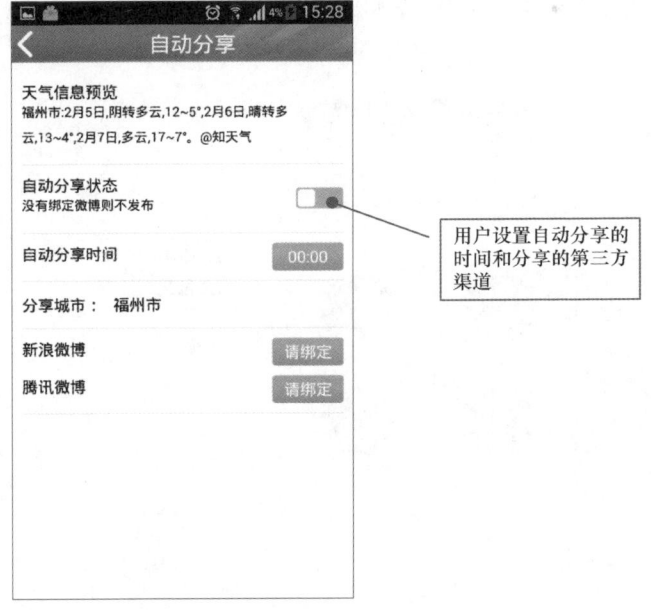

图D-50　自动分享

（6）更新频率设置（图 D-51）

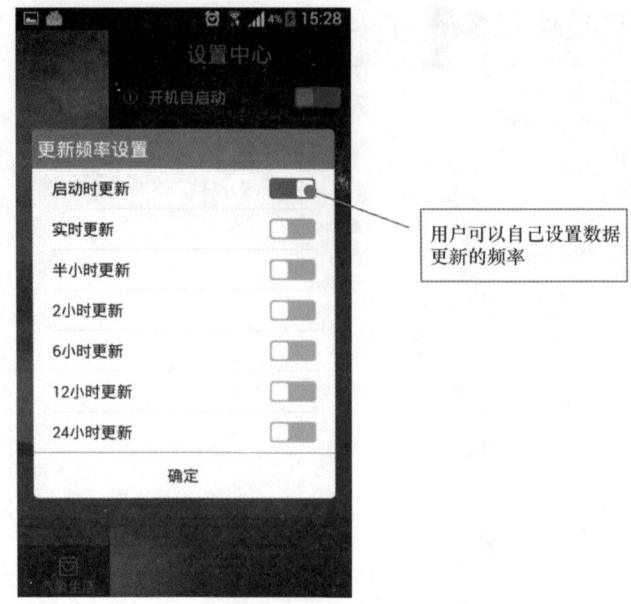

图 D-51 更新频率设置

（7）其他

其他中包括关于知天气、版本检测、您的建议、免责声明、推荐好友、气象短信（图 D-52）。

图 D-52 其他

①关于知天气（图 D-53）。

图 D-53　关于知天气

②版本检测（图 D-54）。

点击版本检测，系统会自动检查版本信息，如有新版本会有弹窗提示

图 D-54　版本检测

③您的建议（图 D-55）。

图 D-55　您的建议

④免责声明（图 D-56）。

图 D-56　免责声明

⑤推荐好友（图 D-57）。显示为默认分享内容。

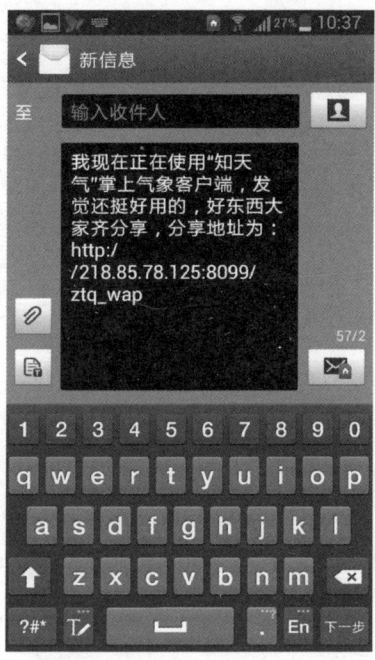

图 D-57　推荐好友

⑥气象短信（图 D-58）。

图 D-58　气象短信

附录 E
公共气象服务常见天气图形符号

名称	晴（白天）	晴（夜晚）	多云（白天）	多云（夜晚）
符号				
名称	阴天	小雨	中雨	大雨
符号				
名称	暴雨	雷阵雨	雷电	冰雹
符号				
名称	轻雾	雾	霾	霜冻
符号				
名称	雨夹雪	小雪	冻雨	4级风
符号				
名称	9级风	台风	浮尘	扬沙
符号				